贵州省高技能人才培训基地建设课程改革创新教材

高级焊工

柏　林　主编

朱小林　余启祥　副主编

科学出版社

北　京

内 容 简 介

　　为了更好地适应中等职业技术学校焊接专业教学要求，全面提升教学质量，解决现有教材内容针对性不强、教材不符合中职生的特点及与工作岗位脱节等诸多问题，特编写本书。

　　本书以工作过程为导向，以企业用人标准为依据，采用模块化的教学模式，将知识点和操作技能结合在一起进行讲解与练习。在每一模块的相关理论环节，紧密联系培养目标的特征，坚持"够用、适用"的原则，摒弃"繁难偏旧"的理论知识；在技能练习环节，加强技能训练的力度，特别是加强基本技能与核心技能的训练。

　　本书主要内容包括焊接基本知识、切割、手工电弧焊、CO_2 气体保护焊、氩弧焊、气焊、其他焊接和切割技术等内容。

　　本书既可作为职业学校、技工学校、技师学院焊接专业学生的教材，也可作为相关培训机构的培训教材。

图书在版编目（CIP）数据

———————————————————

高级焊工/柏林主编. —北京：科学出版社，2018
（贵州省高技能人才培训基地建设课程改革创新教材）
ISBN 978-7-03-056506-8

Ⅰ.①高…　Ⅱ.①柏…　Ⅲ.①焊接－技术培训－教材　Ⅳ.①TG4

中国版本图书馆 CIP 数据核字（2018）第 021429 号

———————————————————

责任编辑：韩　东 / 责任校对：王万红
责任印制：吕春珉 / 封面设计：东方人华平面设计部

科 学 出 版 社 出版
北京东黄城根北街 16 号
邮政编码：100717
http://www.sciencep.com
三河市骏杰印刷有限公司印刷
科学出版社发行　　各地新华书店经销

*

2018 年 3 月第 一 版　　开本：787×1092　1/16
2018 年 3 月第一次印刷　　印张：11 3/4
字数：266 000

定价：32.00 元
（如有印装质量问题，我社负责调换〈骏杰〉）
销售部电话 010-62136230　编辑部电话 010-62135397-8018

贵州省高技能人才培训基地建设课程改革创新教材

编写指导委员会

主　任：冯维华

委　员：徐　静　蔡新宇　张　杰　唐　文

　　　　申国成　柏　林　曾应华　甘孝江

本书编委会

主　编：柏　林

副主编：朱小林　余启祥

参　编：唐　文　杨洪勇　罗智勇　彭正光

主　审：徐　静

前　言

　　高级焊工是中等职业技术学校焊接专业学生必修的一门实践性很强的技术基础课。通过本课程的学习，学生能了解常规焊接的一般过程，掌握焊接的常用方法。

　　在编写本书的过程中，遵从中等职业技术学校学生的认知规律，力求教学内容让学生"乐学"和"能学"。在结构安排和表达方式上，强调由浅入深、循序渐进，强调师生互动和学生自主学习，并结合实际培养学生的创新意识，为培养应用型人才打下一定的理论与实践基础，使学生在焊接岗位职业素质方面得到培养和锻炼。

　　学生只有通过实际操作才可能掌握真正的职业技能，并获得相应的理论认知，因此本书打破了纯粹以知识传授为主体的章节式教材的组织模式，实施单元导向教学，强调教师、学生、教材、环境的整合。课程内容突出对学生职业能力的训练，理论知识的选取紧紧围绕单元任务，充分考虑职业学校学生对理论知识学习的需要，力求以应用为目的，以必需、够用为原则，以讲清概念、强化实践动手能力为重点，重在教会学生掌握必需的专业知识和技能，使理论与实践有机结合。书中还设有拓展阅读的章节，读者可通过学习标有"*"的章节拓展自己的知识面。

　　本书由柏林担任主编，朱小林、余启祥担任副主编，唐文、杨洪勇、罗智勇、彭正光参编。具体编写分工如下：朱小林编写模块一并负责全书的校对，余启祥编写模块二和模块六，柏林编写模块三、模块四、模块五和模块七，唐文、杨洪勇、罗智勇、彭正光收集、整理图片，全书由徐静主审。编者在编写本书的过程中得到了许多同行的大力支持，并参阅了许多文献，在此一并表示感谢！

　　由于编者水平有限，书中可能存在不妥或疏漏之处，恳请读者批评指正。

目　录

 学习目标

1）了解焊接基本知识。
2）了解焊接安全知识及安全教育的重要性。
3）掌握各类安全技术措施。

学一学

一、焊接的定义及分类

在金属结构及其他机械产品的制造中，经常需要将两个或两个以上的零件按一定的形式和尺寸连接在一起，这种连接通常分两大类，一类是可拆卸的连接，即不必损坏被连接件本身就可以将它们分开，如铆钉连接等，见图 1-1。另一类连接是永久性连接，即必须在毁坏零件后才能拆卸，如焊接，见图 1-2。各种常见连接见图 1-3。

焊接就是通过加热或加压，或者二者并用，使工件达到结合的方法（可以使用或不用填充材料）。常用焊接方法见图 1-4。

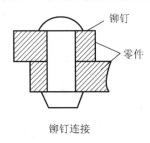

图 1-1 可拆卸的连接

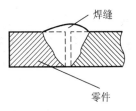

图 1-2 永久连接

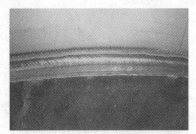

（a）容器壳体的焊接

（b）脚手架扣件的螺纹连接

（c）钢桥上钢板的铆接连接

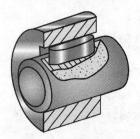

（d）轮毂与轴的键连接

图 1-3　常见连接

（a）缝焊

（b）焊条电弧焊

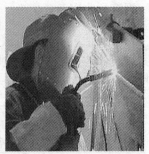

（c）CO_2 气体保护焊

（d）等离子弧焊

（e）钨极氩弧焊

（f）火焰钎焊

图 1-4　常用焊接方法

按照焊接过程中金属所处的状态及工艺的特点，可以将焊接方法分为熔焊、压焊和钎焊三大类。

熔焊是利用局部加热的方法将连接处的金属加热至熔化状态而完成焊接的方法。常见的气焊、电弧焊、电渣焊等均属于熔焊。

压焊是利用焊接时施加一定压力而完成焊接的方法，如锻焊、气压焊、爆炸焊等。

钎焊是把比被焊金属熔点低的钎料金属加热熔化至液态，然后使其渗透到被焊金属接缝的间隙中而达到结合的方法。常见的钎焊方法有烙铁钎焊、火焰钎焊、感应钎焊等。

焊接方法的分类见图 1-5。

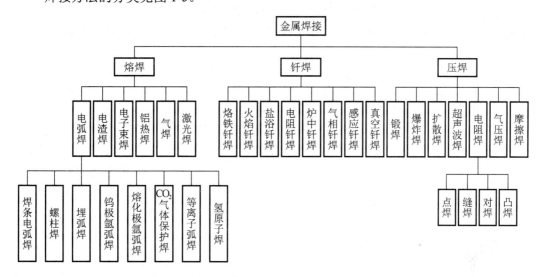

图 1-5 焊接方法的分类

二、焊接技术的特点

焊接与铆接相比，具有以下优点。

1）节约大量金属材料，减小结构质量。

2）简化了加工与装配工序，因此，大大提高了劳动生产率。

3）设备投资低。

4）质量更好。

5）生产劳动强度低，劳动条件好。

焊接与铸造相比，具有以下优点。

1）工序简单、生产周期短。

2）节省材料。

3）质量好。

焊接具有一些其他工艺方法难以达到的优点，但它也有一些缺点，如产生焊接应力与变形等。

三、焊接技术发展概况及应用

1. 焊接技术的发展概况

我国是较早应用焊接技术的国家之一。根据考古发现，远在战国时期的一些金属制品，就已采用了焊接技术。从河南辉县玻璃阁战国墓中出土的文物证实，其殉葬铜器的本体、耳、足就是利用钎焊来连接的。在宋代科学家沈括所著的《梦溪笔谈》一书中，就提到了焊接方法。其后，在明代科学家宋应星所著的《天工开物》一书中，对锻焊和钎焊技术也做了详细的叙述（凡铁性逐节黏合，涂上黄泥于接口之上，入火挥槌，泥滓成楇而去，取其神气为媒合。胶结之后，非灼红、斧斩，永不可断也）。上述事实说明，我国是一个具有悠久的焊接历史的国家。

焊接方法的发展简史见表 1-1。

表 1-1　焊接方法的发展简史

焊接方法	发明国家	发明年份
电阻焊	美国	1886～1900 年
氧乙炔焊	法国	1900 年
铝热焊	德国	1900 年
焊条电弧焊	瑞典	1907 年
电渣焊	俄国、苏联	1908～1950 年
等离子弧焊	德国、美国	1909～1953 年
钨极惰性气体保护焊	美国	1920～1941 年
药芯焊丝电弧焊	美国	1926 年
螺柱焊	美国	1930 年
熔化极惰性气体保护焊	美国	1930～1948 年
埋弧焊	美国	1930 年
CO_2 气体保护焊	苏联	1953 年
电子束焊	苏联	1956 年
激光焊	英国	1970 年
搅拌摩擦焊	英国	1991 年

2. 焊接技术的应用

焊接技术的应用见图 1-6。

焊接是一种应用范围很广的金属加工方法，与其他热加工方法相比，它具有生产周期短、成本低、结构设计灵活、用材合理及能够以小拼大等一系列优点，从而在工业生产中得到了广泛的应用。例如，造船、汽车、石油、桥梁、矿山机械等行业中，焊接已成为不可缺少的加工手段。在世界主要的工业国家，每年钢产量的45%左右要用于生产焊接结构。在制造一辆小轿车时，需要焊接5000～12000个焊点，一艘30万t油轮要焊1000km长的焊缝，一架飞机的焊点多达20万～30万个。此外，随着工业的发展，被焊接的材料种类也越来越多，除了普通的材料外，还有如超高强钢、活性金属、难熔金属及各种非金属。同时，由于各类产品日益向着高参数（高温、高压、高寿命）、大型化方向发展，焊接结构越来越复杂，焊接工作量越来越大，这对于焊接生产的质量、效率等提出了更高的要求，同时也推动了焊接技术的飞速发展，使它在工业生产中的应用更为广阔。

（a）高铁车体焊接

（b）焊接机器人在汽车制造业中的应用

（c）三峡水轮机转轮

（d）北京奥运会主体育场"鸟巢"

图1-6 焊接技术的应用

四、焊接安全

焊工在焊接时要与电、可燃及易爆气体、易燃液体、压力容器等接触。在焊接过程中还会产生一些有害气体、烟尘，电弧光的辐射，焊接热源的高温、高频电磁场，噪声和射线等，有时还要在高处、水下、容器内部等特殊环境工作。如果焊工不熟悉有关劳保知识，不遵守安全操作规程，就可能引起触电、灼伤、火灾、爆炸、中毒、窒息等事故，这不仅会给国家财产造成损失，还直接影响焊工和其他人员的人身安全。

只有经常对焊工进行安全技术和劳动保护的教育和培训，使其从思想上重视安全生产，明确安全生产的重要性，增强责任感，才能有效地避免和杜绝事故的发生。

（一）焊接安全注意事项

1. 预防触电的安全注意事项

1）焊工要熟悉和掌握有关电的基本知识，以及预防触电和触电后的急救知识。

2）遇到焊工触电，要能正确掌握救护方法。

3）要掌握安全电压值的知识。

4）焊工的劳动保护用品要保持干燥。

5）在潮湿的地方操作时，需使用绝缘性好的物体作为垫板。

6）焊工推拉电源开关时应单手操作。

2. 预防火灾和爆炸的安全注意事项

1）焊接前要认真检查工作场地周围是否有安全隐患，确认安全后方可工作。

2）在焊接作业时，应防止金属飞溅引起火灾。

3）严禁设备带压焊补。

4）凡被化学物品或油脂污染过的设备，必须严格清洗，确认安全后方可焊补。

5）进入容器内部操作，焊接（切割）工具应随焊工同进出。

6）焊条头和焊件不得随手乱扔。

7）下班时，应彻底检查火灾隐患。

3. 预防有害气体和烟尘中毒的安全注意事项

1）焊接区应有良好的通风。

2）合理组织劳动布局，避免多人拥挤在一起操作。

3）尽量扩大自动焊的使用范围。

4）做好个人防护。

4. 预防弧光辐射的安全注意事项

1）焊工必须使用有电焊防护玻璃的面罩。

2）面罩应轻便、成形合适、耐热、不导电等。

3）焊工应穿白色帆布工作服。

4）操作引弧时，应避开周围人，以免弧光伤害他人。

5）在人多的区域焊接时，应尽可能使用屏风板（图1-7）。

6）装配重力焊和定位焊时更应注意弧光伤害。

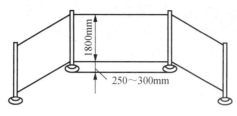

图 1-7　屏风板

5. 特殊环境焊接的安全注意事项

（1）高空作业

1）患有高血压、心脏病等不适合高空作业的人员不得登高作业。

2）高空作业时，焊工应戴防火安全带，且应设监护人。

3）登高工具应合乎要求。

4）焊接设备应尽量放在地面上。

5）雨天、雪天、大雾天气下，禁止登高作业。

（2）容器内焊接

1）进入容器内焊接前，先要弄清容器内部的情况。

2）把该设备与其他设备相联系的部位隔离。

3）进入设备内部要设监护人（图 1-8）。

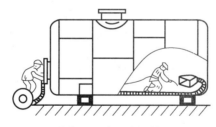

图 1-8　容器内焊接

4）容器内部应加强通风排气工作。

5）要做好绝缘防护工作。

（3）露天作业

1）露天作业必须有防风雨棚。

2）应注意风向，防止电焊火花飞溅伤人或引起火灾。

3）雨天、雪天、大雾天气时，禁止露天作业。

（二）焊接劳动保护

1. 采用安全卫生性能好的焊接技术及提高焊接自动化水平

要不断改进、更新焊接技术和焊接工艺，研制低毒、低尘的焊接材料。采取适当的工艺措施减少和消除可能引起事故和职业危害的因素，如采用低锰、低毒、低尘焊条代替普通焊条。采用安全卫生性能好的焊接方法，如埋弧焊、电阻焊等，或以焊接机器人代替焊条电弧焊等手工操作技术。提高焊接机械化、自动化程度，也是全面改善安全卫生条件的主要措施之一。

2. 加强焊工的个人防护

在焊接过程中加强焊工的自我防护也是加强焊接劳动保护的主要措施。焊工的个人防护主要有使用防护用品和做好卫生保障等方面。

总之，为了杜绝焊接作业中事故的发生，必须科学、认真地做好焊接劳动保护工作，加强焊接作业的安全技术管理和生产管理，使焊接作业人员可以在一个安全、卫生、舒适的环境中工作。

想一想

1. 什么是焊接？焊接有哪些特点？
2. 常见的焊接方法有哪些？
3. 焊工在焊接过程中有哪些安全隐患？

模块二
切　　割

单元一　氧炔焰气割

 **学习目标**

1）了解气割的过程，理解金属能够进行气割的条件。

2）了解氧炔焰切割的特点，掌握氧炔焰切割工艺及参数选择的方法。

3）熟悉气割所用的设备，掌握中厚板气割操作的方法。

学一学

1. 气割的过程和条件

（1）气割的过程

气割的过程如下。

1）气割开始时，用预热火焰将起割处的金属预热到燃烧温度（燃点）。

2）向被加热到燃点的金属喷射切割氧，使金属剧烈地燃烧。

3）金属燃烧氧化后生成熔渣和产生反应热，熔渣被切割氧吹除。

气割的过程是预热→燃烧→吹渣过程，其实质是铁在纯氧中的燃烧过程，而不是熔化过程。

（2）气割的条件

1）金属在氧气中的燃点应低于熔点。

2）金属气割时形成氧化物的熔点应低于金属本身。

3）金属在切割氧流中的燃烧应该是放热反应。

4）金属的导热性不应太高。

5）金属中阻碍气割过程和提高钢的可淬性的杂质要少。

碳钢的气割性能与含碳量有关，钢的含碳量增加，熔点降低，燃点升高，气割性能变差。

2. 气割的特点

（1）气割的优点

1）气割的效率比其他机械切割方法效率高。

2）机械切割方法难以切割的截面形状和厚度，采用氧炔焰切割比较经济。

3）气割设备的投资比机械切割设备的投资低，气割设备轻便，可用于野外作业。

4）切割小圆弧时，能迅速改变切割方向；切割大型工件时，不用移动工件，只需移动氧炔焰便能迅速切割。

5）可进行手工和机械切割。

（2）气割的缺点

1）气割的尺寸精度低。

2）预热火焰和排出的炽热熔渣存在发生火灾、烧毁设备和烧伤操作工的危险。

3）切割时，气体的燃烧和金属的氧化需要采用合适的烟尘控制装置和通风装置。

4）切割材料受到限制，如铜、铝、不锈钢、铸铁等不能用氧炔焰切割。

3. 气割的设备及工具

气割的设备及工具主要有氧气瓶、乙炔瓶、液化石油气瓶、减压器、割炬（或气割机）等。

割炬的型号表示法：割炬的型号由英文字母G、表示结构形式和操作方式的序号及规格组成。

4. 气割的工艺参数

气割的工艺参数主要包括气割氧压力、切割速度、预热火焰性质及能率、割嘴与割件的倾斜角、割嘴离割件表面的距离。

5. 回火现象

回火现象是指气割工作中发生气体火焰进入喷嘴内逆向燃烧的现象。

发生回火的具体原因有以下几方面。

1）输送气体的软管太长、太细或曲折太多，引起回火。

2）焊割时间过长或焊（割）嘴离工件太近，割嘴温度升高，割炬内的气体压力增大，使混合气体的流动阻力增大，气体的流速降低而引起回火。

3）割嘴端面黏附了过多的飞溅出来的熔化金属微粒，这些微粒阻碍了喷射孔，引起回火。

4）输送气体的软管内壁或割炬内部的气体通道上黏附了固体碳质微粒或其他物质，增加了气体的流动阻力，降低了气体的流速而引起回火。

练一练

完成图 2-1 所示的中厚板气割训练。

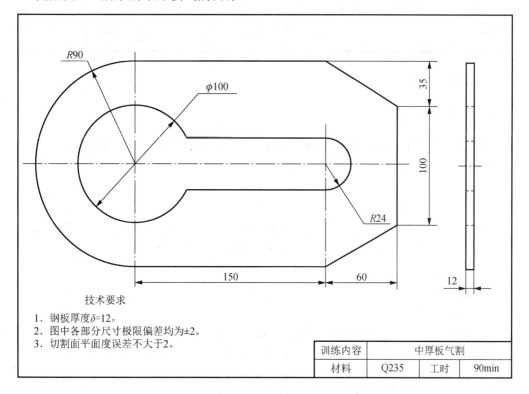

技术要求

1. 钢板厚度δ=12。
2. 图中各部分尺寸极限偏差均为±2。
3. 切割面平面度误差不大于2。

训练内容	中厚板气割		
材料	Q235	工时	90min

图 2-1 中厚板工件

一、实训要点

（一）切割工艺及参数

1. 切割工艺

1）要求氧气纯度大于 99.5%，乙炔纯度大于 99.5%。

2）明火点燃预热火焰，并调至氧化焰以缩短预热时间，正常切割时，使用中性焰。

3）薄铁切割时可用 G01-30 割炬和小型割嘴，割嘴后的倾角为 30°～45°，且割嘴与工件距离 10～15mm，切割速度尽可能快些，防止切割后变形增大。

4）厚件切割时，为防止厚度方向上预热不均匀，应用大型割炬 G07-300 和大型割嘴，且氧气供应要充足。

2. 切割参数

切割时的具体参数见表 2-1。

表 2-1 切割参数

割炬型号	割嘴号码	割嘴孔径/mm	切割厚度/mm	氧气压力/MPa	乙炔压力/MPa	可换割嘴个数
G01-100	1～3	1.0～1.3	100	0.7	0.03～0.05	3
G01-300	1～4	2.4～3.0	300	1.0	0.03～0.05	4

（二）操作过程

1. 实习材料的清理

用钢丝刷等工具将试件表面的铁锈、脏物等仔细清理干净，然后将试件垫空，便于气割。

2. 点火

点火前应认真检查割炬的射吸能力，检查完毕后，先稍预热氧阀门，再打开乙炔阀门，开始点火。点火时，割炬不要对着别人或自己，防止烧伤。

3. 操作要点及注意事项

（1）操作要点

1）起割。双腿呈八字形蹲在工件的一旁，右臂靠在右膝盖，左臂悬空在两腿中间。右手握住割炬手柄，并以右手的拇指和食指控制预热氧阀门，左手的拇指和食指握住切割氧阀门，同时起掌握方向的作用，其余三指平稳地托住混合气管。操作时上身不要弯得太低，呼吸要有节奏，眼睛应注视工件、割嘴和割线。

开始切割时，先预热割件边缘，待边缘呈亮红色时，将火焰局部移出边缘线外，同时慢慢地打开切割氧阀门。当看到被预热的局部割件被氧气流吹掉时，进一步开大切割氧阀门，当看到割件背面飞出鲜红的氧化金属渣时，说明割件已被割透，此时应根据割件的厚度以适当的速度从右向左移动割炬进行切割。

2）正常气割过程。起割后，为了保证割缝的质量，在整个气割过程中，割炬移动要匀速，割嘴离割件表面要保持一定距离。若身体需要更换位置，应先关闭切割氧阀门，待身体的位置移好后，再将割嘴对准待割处适当加热，然后慢慢打开切割氧阀门，继续向前切割。

3）停割。气割过程临近终点时，割嘴应沿气割方向的反方向倾斜一个角度，以便割件的下部提前割透，使割缝在收尾处整齐美观。当到达终点时，应迅速关闭切割氧阀门并将割炬抬起，再关闭乙炔阀门，最后关闭预热氧阀门。

（2）注意事项

为了保证割缝的质量，气割时应尽量减少割件的变形，维护操作者的安全，并应按以下顺序进行切割。

1）在同一割件上既有直线又有曲线时，应先割直线后割曲线。

2）在同一割件上既有边缘线又有内部线时，应先割边缘线后割内部线。

3）由割线围成的同一图形中既有大块，又有小块和孔时，应先割小块，后割大块，最后割孔。

4）在同一割件上有垂直割缝时，应先割底边，后割垂直边。

5）在同一割件上有直缝，且直缝上又需要开槽时，应先割直缝，后割槽。

6）割圆弧时，应将割嘴垂直于割件。

7）割件断开的位置最后切割。

二、实训评价

项目	分值	扣分标准
操作姿势是否正确	10	酌情扣分
切割尺寸是否正确	20	长度为 300mm 的公差为±2mm，每超过 1mm 扣 1 分
表面粗糙度是否达标	20	要求切割沟痕深度≤1.5mm，每超差一处扣 1 分
挂渣量是否达标	10	挂渣较少，可轻易剥离且无明显痕迹得 5 分；挂渣较多，经敲击可清理干净得 3 分；铲削挂渣后仍有痕迹得 2 分；其余得 0 分
轮廓	20	垂直度≤2mm，平行度≤2mm，每超差 1mm，一处扣 1 分
坡口角度	20	角度公差±3°，每超差 1°扣 1 分

？ 想一想

1．什么是氧炔焰切割？氧炔焰切割金属有哪些要求？

2．氧炔焰切割的特点有哪些？

3．切割过程中有哪些注意事项？

单元二 等离子弧切割

学习目标

1）了解等离子弧的形成、种类、切割原理及特点。

2）掌握等离子弧切割的原理及参数。

3）熟悉等离子切割设备，掌握等离子弧切割的操作方法。

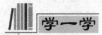 学一学

一、等离子弧切割的基础知识

1. 等离子弧的形成和种类

（1）等离子弧的形成

等离子弧是指利用等离子枪将阴极（如钨极）和阳极之间的自由电弧经过机械压缩、热收缩和电磁收缩形成高温、高电离度、高能量密度及高焰流速度的电弧。

（2）等离子弧的种类

等离子弧按电弧的转移形式不同，可分为非转移型弧、转移型弧和联合型弧，见图2-2。

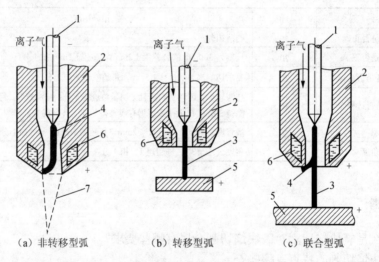

（a）非转移型弧　　　　（b）转移型弧　　　　（c）联合型弧

图 2-2　等离子弧的种类

1. 钨极；2. 喷嘴；3. 转移型弧；4. 非转移型弧；5. 工件；6. 冷却水孔；7. 等离子弧

2. 等离子弧切割的原理

等离子弧切割的原理是将混合气体通过高频电弧（气体可以是空气，也可以是氢气、氩气和氮气的混合气体）"分解"或离子化，成为基本的原子粒子，从而产生等离子。然后，电弧跳跃到不锈钢工件上，高压气体将等离子从割炬烧嘴吹出，出口速度为800～1000m/s。这样，结合等离子中的各种气体恢复到正常状态时所释放的高能量产生2700℃的高温（该温度几乎是不锈钢熔点的两倍），从而使不锈钢快速熔化，熔化的金属由喷出的高压气流吹走。等离子弧切割示意图见图2-3。

3. 等离子弧切割的特点

1）切割速度快。
2）切割质量好。
3）切割范围广。
4）切割起始点无须加热。
5）工作卫生条件差。
6）设备成本高，耗电量大。

图 2-3 等离子弧切割

4. 等离子弧切割设备的分类

1）一般等离子弧切割设备见图 2-4。
2）水压缩等离子弧切割设备见图 2-5。

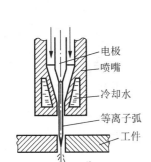

图 2-4 一般等离子弧切割设备

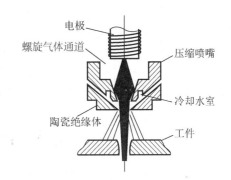

图 2-5 水压缩等离子弧切割设备

3）空气等离子弧切割设备见图 2-6。

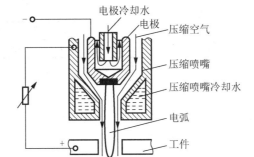

图 2-6 空气等离子弧切割设备

二、等离子弧切割设备

1. 切割电源

采用徒降的外特性直流电源，但是切割用电源输出的空载电压一般大于 150V，水压缩等离子弧切割电源空载电压可达 600V。

2. 割炬

割枪的喷嘴孔道直径要小，要有利于压缩等离子弧。

练一练

完成图 2-7 所示的不锈钢板空气等离子弧切割训练。

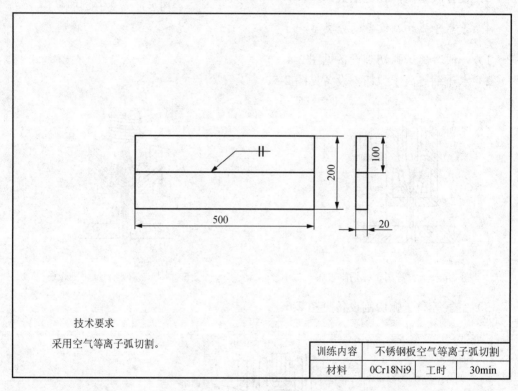

技术要求

采用空气等离子弧切割。

训练内容	不锈钢板空气等离子弧切割		
材料	0Cr18Ni9	工时	30min

图 2-7　不锈钢板工件

一、实训要点

1. 切割参数

工作时的不锈钢板空气等离子弧切割参数见表 2-2。

表 2-2　不锈钢板空气等离子弧切割参数

参数	参数值
切割电流/A	400

续表

参数			参数值
引弧电流/A			30～50
工作电压/V			100～150
电极直径/mm			5.5
切割速度/（m/min）			5～250
切割范围/mm	厚度	碳钢	80
		不锈钢	80
		铝	80
		紫铜	50
	圆形直径		＞120
负载持续率/%			60
冷却水耗量/（L/min）			＞3
氮气纯度/%			＞99.9
气体耗量/（L/min）	切割		50
	引弧		6.6
电源	空载电压/V		300
	电流范围/A		100～500
	输入电压/V		三相，380
	控制电压/V		220

2. 操作过程

1）起动高频引弧。

2）按下切割按钮。

3）从割件边缘开始切割。

4）对切割速度、气体流量和切割电流可进行适当的调整。

5）整个过程中，割炬应与割缝两侧平面保持垂直，以保证割口平直光洁。

6）切割完毕，切断电源电路，关闭水路和气路。

二、实训评价

项目	分值	扣分标准
操作姿势是否正确	10	酌情扣分
操作过程是否正确	10	酌情扣分
切口宽度是否正确	20	0.15～6mm 不扣分
表面粗糙度是否达标	20	切口深度的 2/3 处横断面上的 Ra 值达到标准不扣分

续表

项目	分值	扣分标准
切口棱边方形度是否正确	20	垂直度 $U \leqslant$（1%～4%）材料厚度，不扣分
热影响区宽度是否正确	10	热影响区宽度在 0.3mm 左右不扣分
挂渣量是否达标	10	按无、轻微、中等和严重四等扣分

1. 等离子弧是如何形成的？它有什么特点？
2. 等离子弧的分类有几种？等离子弧切割的特点有哪些？

模块三
手工电弧焊

单元一　引弧及平敷焊

学习目标

1）掌握焊接电弧的概念及特性。
2）掌握焊条的组成、型号及分类。
3）掌握引弧方法和焊道的起头、运条、接头、收尾方法。

学一学

一、焊接设备的分类及使用

1．弧焊变压器

弧焊变压器的外形及内部结构见图 3-1。

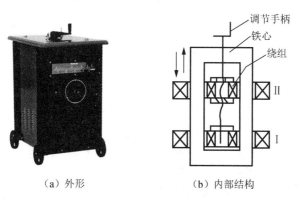

（a）外形　　　　　（b）内部结构

图 3-1　弧焊变压器的外形及内部结构

弧焊变压器又称交流弧焊机，它是一种特殊的降压变压器。其型号用"B"表示弧焊变压器，"X"表示焊接电源外特性为下降外特性，数字"1""2""6"等表示该系列产品的序号，如数字"330"表示额定焊接电流为330A。

弧焊变压器的使用注意事项如下。

1）应放在通风良好、干燥的地方。

2）要注意配电系统是否符合要求。

3）外壳必须良好接地。

4）合闸前应检查接线是否正确，特别要注意焊钳与焊件不得接触，以免短路。

2. 弧焊整流器

图3-2为典型弧焊整流器的工作原理图。

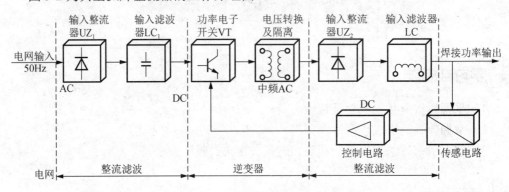

图3-2 典型弧焊整流器的工作原理

弧焊整流器设有旋转部分，它由三相降压变压器、三相磁放大器、输出电抗器及控制系统等组成，通过磁放大器的整流作用将外电源的交流电变为焊接所需的直流电。其型号用"Z"表示焊接整流器，"X"表示焊接电源为下降外特性，"G"表示焊机采用硅整流元件。

弧焊整流器的使用注意事项如下。

1）焊接前应检查硅元件的冷却是否符合要求。

2）为保持硅元件及其线路的清洁，应定期用干燥的压缩空气吹净焊机内的灰尘。

3）焊接场地不应有较大的振动，以防止焊机铁心导磁性变坏而影响工作性能。

二、焊接电弧

由焊接电源供给的，具有一定电压的两电极间或电极与母材间，在气体介质中产生的强烈而持久的放电现象，称为焊接电弧。

焊接电弧的结构见图3-3，焊条电弧焊见图3-4。

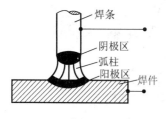

图3-3　焊接电弧的结构

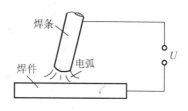

图3-4　焊条电弧焊

1. 焊接电弧产生的条件

气体电离和阴极电子发射是焊接电弧产生和维持的两个必要条件。

2. 焊接电弧的静特性

在电极材料、气体介质和弧长一定的情况下，电弧稳定燃烧时，焊接电流与电弧电压变化的关系称为电弧静特性，一般也称为伏-安特性，表示它们关系的曲线叫作电弧的静特性曲线。焊接电弧的静特性曲线见图3-5。

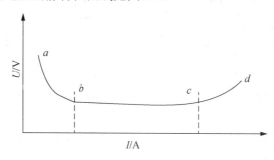

图3-5　焊接电弧的静特性曲线

ab 段. 下降特性区；*bc* 段. 水平特性区；*cd* 段. 上升特性区

焊条电弧焊、埋弧焊一般工作在静特性的水平特性区；钨极氩弧焊、等离子弧焊一般也工作在水平特性区；熔化极氩弧焊、CO_2 气体保护焊和熔化极活性气体保护焊基本上工作在上升特性区。

电弧的静特性曲线与电弧长度密切相关，当电弧长度增加时，电弧电压升高，其静特性曲线的位置也随之上升。

3. 焊接电弧的稳定性

焊接电弧的稳定性是指电弧保持稳定燃烧（不产生断弧、偏吹等）的程度。

1）正常焊接时的电弧见图3-6，电弧偏吹包括磁偏吹，几种磁偏吹见图3-7。

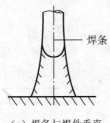
（a）焊条与焊件垂直

（b）焊条与焊件倾斜，磁场
作用引起的电弧偏吹

图 3-6　正常焊接时的电弧

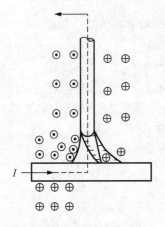
（a）导线接线位置引起的磁偏吹

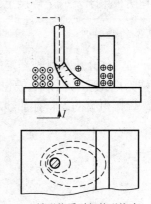
（b）铁磁物质引起的磁偏吹

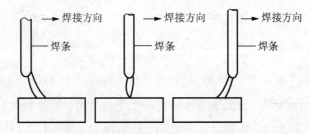
（c）电弧运动至焊件端部时引起的磁偏吹

图 3-7　几种磁偏吹

2）防止或减少焊接电弧偏吹的措施有以下几种。

① 焊接时，在有条件的情况下尽量使用交流电源焊接。

② 调整焊条角度，可以使焊条偏吹的方向转向熔池。

③ 采用短弧焊接的方法。

④ 改变焊件上导线接线部位或在焊件两侧同时接地线，可减少因导线接线位置引起的磁偏吹，见图 3-8。

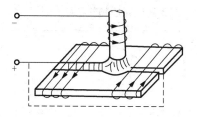

图 3-8　避免磁偏吹的接线方法

⑤ 在焊缝两端各加一小块附加钢板（引弧板和引出板），使电弧两侧的磁感线分布均匀并减少热对流的影响，以克服电弧偏吹。

⑥ 在露天操作时，如果有大风则必须用挡板遮挡，对电弧进行保护。在管子焊接时，必须将管口堵住，以防止气流对电弧的影响。在焊接间隙较大的对接焊缝时，可在接缝下面加垫板，以防止热对流引起的申弧偏吹。

⑦ 采用小电流焊接。

三、焊条

1. **焊条的组成及作用**

焊条由焊芯和药皮组成，见图 3-9。

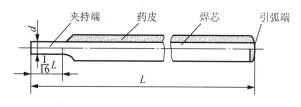

图 3-9　焊条

d. 焊芯直径；*L*. 焊条总长

（1）焊芯

1）焊芯的作用。焊芯金属占整个焊缝金属的 50%～70%（开坡口和不开坡口）。

2）焊芯的分类及牌号。用于焊接的专用钢丝可分为碳素结构钢、合金结构钢、不锈钢。牌号：字母"H"表示焊丝；"H"后的一位或两位数字表示含碳量；化学元素后面的数字表示该元素的近似含量，当某种合金元素的含量低于 1% 时可省略，只记元素符号。

（2）药皮

压涂在焊芯表面上的涂料层称为药皮。

1）焊条药皮的作用：机械保护作用、冶金处理渗合金作用和改善焊接工艺性能的作用。

2）焊条药皮的组成：稳弧剂、造渣剂、造气剂、脱氧剂、合金剂、稀释剂、黏结剂及增塑、增弹、增滑剂等，见表 3-1。

表 3-1 焊条药皮组成物的名称、成分及主要作用

名称	组成成分	主要作用
稳弧剂	碳酸钾、碳酸钠、水玻璃及大理石或石灰石、花岗石、钛白粉等	改善焊条引弧性能和提高焊接电弧稳定性
造渣剂	钛铁矿、赤铁矿、金红石、长石、大理石、花岗石、萤石、菱苦土、锰矿、钛白粉等	形成具有一定物理、化学性能的熔渣，产生良好的机械保护作用和冶金处理作用
造气剂	有无机物和有机物两类。无机物常用碳酸盐类矿物，如大理石、菱镁矿、白云石等；有机物常用木粉、纤维素、淀粉等	形成保护气氛，有效地保护焊缝金属，同时也有利于熔滴过渡
脱氧剂	锰钛、硅铁、钛铁等	对熔渣和焊缝金属脱氧
合金剂	铬、锰、硅、钛、钨、钒的铁合金和金属铬、锰等纯金属	向焊缝金属中掺入必要的合金成分，以补偿已经烧损或蒸发的合金元素和补加特殊性能要求的合金元素
稀释剂	萤石、长石、钛铁矿、金红石、锰矿等	降低焊接熔渣的黏度，增强熔渣的流动性
黏结剂	水玻璃或树胶类物质	将药皮牢固地黏结在焊芯上
增塑、增弹、增滑剂	白泥、钛白粉增加塑性，云母增加弹性，滑石和纯碱增加滑性	改善涂料的塑性、弹性和滑性，使之易于用机器压涂在焊芯上

3）焊条药皮的类型见表 3-2。

表 3-2 常用药皮的类型、主要成分、性能特点及适用范围

药皮类型	药皮的主要成分	性能特点	适用范围
钛铁矿型	30%以上的钛铁矿	熔渣流动性良好，电弧吹力较大，熔深较深，熔渣覆盖良好，脱渣容易，飞溅一般，焊波整齐。焊接电流为交流或直流正、反接，适用于全位置焊接	用于焊接较重要的碳钢及强度等级较低的低合金钢结构，常用焊条型号为 E4301、E5001
钛钙型	30%以上的氧化钛和 20%以下的钙或镁的碳酸盐矿	熔渣流动性良好，脱渣容易，电弧稳定，熔深适中，飞溅少，焊波整齐，成形美观。焊接电流为交流或直流正、反接，适用于全位置焊接	主要用于焊接较重要的碳钢结构及强度等级较低的低合金钢，常用焊条型号为 E4303、E5003
高纤素钠型	大量的有机物及氧化钛	焊接时有机物分解，产生大量气体，熔化速度快，电弧稳定，熔渣少，飞溅一般。焊接电流为直流反接，适用于全位置焊接	主要用于焊接一般低碳钢结构，也可打底焊及立向下焊。常用焊条型号为 E4310、E5010
高钛钠型	35%以上的氧化钛及少量的纤维素、锰铁、硅酸盐和钠水玻璃等	电弧稳定，再引弧容易。脱渣容易，焊波整齐，成形美观，焊接电流为交流或直流正接	主要用于焊接一般的碳钢结构，特别适合于薄板结构，也可用于盖面焊。常用焊条型号为 E4312
低氢钠型	碳酸盐矿和萤石	焊接工艺性能一般，熔渣流动性好，焊波较粗，熔深中等，脱渣性较好，可全位置焊接，焊接电流为直流反接，焊接时要求焊条干燥，并采用短弧。该类焊条的熔敷金属具有良好的抗裂性能和力学性能	主要用于焊接重要的碳钢及低合金钢结构，常用焊条型号为 E4315、E5015

续表

药皮类型	药皮的主要成分	性能特点	适用范围
低氢钾型	在低氢钠型焊条药皮的基础上添加稳弧剂,如钾水玻璃等	电弧稳定,工艺性能、焊接位置与低氢钠型焊条相似,焊接电流为交流或直流反接。该类焊条的熔敷金属具有良好的抗裂性能和力学性能	主要用于焊接重要的碳钢结构,也可焊接相适应的低合金钢结构。常用焊条型号为 E4316、E5016
氧化铁型	大量氧化铁及较多的锰铁	焊条熔化速度快,焊接生产率高,电弧燃烧稳定,再引弧容易,熔深较大,脱渣性好,焊缝金属抗裂性好,但飞溅稍大,不宜焊薄板,只适宜平焊及平角焊,焊接电流为交流或直流	主要用于焊接重要的低碳钢及强度等级较低的低合金钢结构。常见焊条型号为 E4320、E4322

2. 焊条的分类及型号

1）焊条按用途可分为碳钢焊条、低合金钢焊条、不锈钢焊条、堆焊焊条、铸铁焊条、铜及铜合金焊条、铝及铝合金焊条、镍及镍合金焊条。

2）焊条按熔化后的熔渣特性可分为酸性焊条和碱性焊条。

3. 焊条的选用

在选用焊条时应遵循下列原则：按焊件的力学性能和化学成分选用,按简化工艺、生产率和经济性来选用。

四、焊条电弧焊其他设备和工具

1. 焊钳和面罩

焊钳和面罩实物图见图3-10。

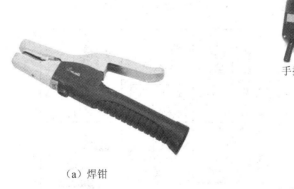
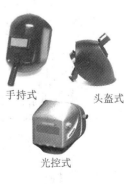

手持式　　　头盔式

光控式

（a）焊钳　　　　　　　　　　　　　　　　（b）面罩

图3-10　焊钳和面罩实物图

2. 焊条保温桶和焊缝检验尺

1）焊条保温桶见图 3-11。

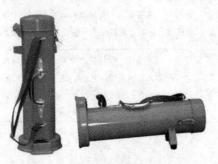

图 3-11　焊条保温桶

2）焊缝检验尺及检验方法见图 3-12。

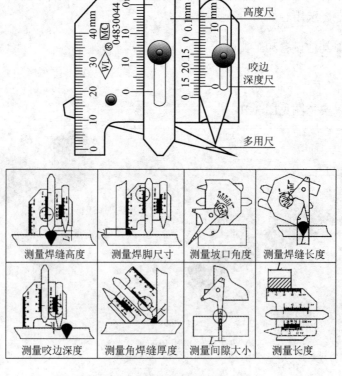

图 3-12　焊缝检验尺及检验方法

3. 常用焊接手工工具

常用焊接手工工具见图3-13。

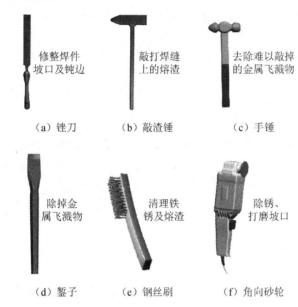

| （a）锉刀 | （b）敲渣锤 | （c）手锤 |

修整焊件坡口及钝边　敲打焊缝上的熔渣　去除难以敲掉的金属飞溅物

除掉金属飞溅物　清理铁锈及熔渣　除锈、打磨坡口

（d）錾子　　（e）钢丝刷　　（f）角向砂轮

图3-13 常用焊接手工工具实物图

五、焊接工艺参数的选择

焊接工艺参数是指焊接时为保证焊接质量而选定的各物理量的总称。

1. 焊条直径

生产中，为了提高生产率，应尽可能选用较大直径的焊条，但用直径较大的焊条焊接，会造成未焊透或焊缝成形不良等缺陷。焊条直径大小的选择与下列因素有关。

（1）焊件的厚度

厚度较大的焊件应选用直径较大的焊条；反之，薄焊件应选用直径较小的焊条。焊件厚度与焊条直径可参考表3-3。

表3-3 焊件厚度与焊条直径

单位：mm

焊件厚度	≤1.5	2.0	3.0	4.0～5.0	6.0～12.0	≥12.0
焊条直径	1.5	2.0	3.2	3.2～4.0	4.0～5.0	5.0～6.0

（2）焊缝位置

在板厚相同的条件下焊接平焊缝用的焊条直径应比焊接其他位置用的大一些，立焊最大直径不超过 5mm，而仰焊、横焊最大直径不超过 4mm。

（3）焊接层次

在进行多层多道焊接时，为保证根部焊缝焊透，第一层焊道应采用直径较小的焊条进行焊接，以后各层可根据焊件厚度选用较大直径的焊条进行焊接。

（4）接头形式

搭接接头、T 形接头因不存在全焊透问题，所以应选用较大直径的焊条以提高生产率。

2. 电源种类和极性

1）电源种类。根据不同条件，合理选用直流电源和交流电源。

2）极性。对于交流电源来说，由于极性是交变的，不存在极性的选择；对于直流电源来说，应根据焊接材料来合理选用直流正接和直流反接。

3. 焊接电流

焊接电流的选择应从以下几个方面考虑。

（1）焊条直径

可根据经验公式 $I_h = (35 \sim 55) d$ 来选择。式中，I_h 为焊接电流（A）；d 为焊条直径（mm）。

（2）焊缝位置

相同焊条直径的条件下，平焊位置选择的焊接电流最大。通常情况下，立焊、横焊的焊接电流比平焊的焊接电流小 10%～15%，仰焊的焊接电流比平焊的小 15%～20%。

（3）焊条类型

当其他条件相同时，碱性焊条使用的焊接电流比酸性焊条的小 10%～15%，不锈钢焊条使用的焊接电流比碳钢焊条的小 15%～20%。

（4）焊接层次

在进行多层焊时，特别是单面焊双面成形时，为保证焊接质量和效率，打底层、填充层和表面层的电流选择不尽相同。可根据下列几点来判断电流是否合适。

1）看飞溅。

2）看焊缝成形。

3）看焊条熔化状况。

4. 电弧电压

在焊接时应力求使用短弧焊接，相应的电弧电压为 16～25V。一般认为短弧的电弧长度是焊条直径的 0.5～1.0 倍。

5. 焊接速度

焊接速度应该均匀适当，既要保证焊透又要保证不烧穿，同时还要使焊缝宽度和高度符合图样要求。

6. 焊接层次

每层厚度等于焊条直径的 0.8～1.2 倍时，生产率较高，并且比较容易保证质量和便于操作。

✎ 练一练

完成图 3-14 所示的练习。

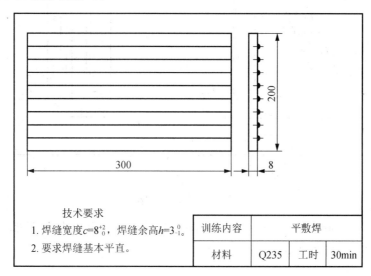

技术要求

1. 焊缝宽度 $c=8^{+2}_{0}$，焊缝余高 $h=3^{0}_{-1}$。
2. 要求焊缝基本平直。

训练内容	平敷焊		
材料	Q235	工时	30min

图 3-14　焊接练习工件

一、实训要点

焊工在平焊时，一般采用蹲式操作。蹲式操作姿势要自然，两脚夹角为 70°～85°，距离为 240～260mm。持焊钳的胳膊半伸开，悬空操作，见图 3-15。

1. 引弧

手工电弧焊时引燃电弧的过程称为引弧。常见的引弧方法有高频高压引弧法和接触短路引弧法，而手工电弧焊的引弧方法采用接触短路引弧法，接触短路引弧法可分为划擦法和直击法两种，见图 3-16。

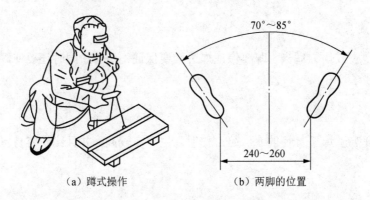

（a）蹲式操作　　　　　　　　（b）两脚的位置

图 3-15　焊接操作姿势

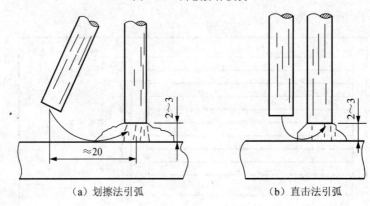

（a）划擦法引弧　　　　　　　　（b）直击法引弧

图 3-16　引弧的方法

引弧操作的要领有：①手持面罩，看准引弧位置；②用面罩挡住面部，将焊条对准引弧处；③用划擦法或直击法引弧。

2. 平敷焊操作

（1）操作步骤

1）用纱布打光待焊处，直至露出金属光泽。

2）在钢板上划直线，并打样冲眼作为焊接标志。

3）起动电焊机。

4）引弧并起头。

5）运条。

6）收尾。

7）检查焊缝质量。

（2）焊道的起头

起头是指焊道刚开始焊接的阶段，因焊件未焊之前温度较低，而引弧后又不能迅速使焊件温度升高，所以起点处的熔池较浅，且一般情况下这部分焊道略高些，质量也难以保证。焊道的起头见图3-17。

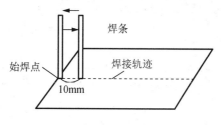

图3-17　焊道的起头

为解决熔池太浅的问题，可在引弧后先将电弧稍微拉长，使电弧对起点预热，然后适当缩短电弧进行正式焊接。

（3）运条

运条的方法见图3-18。

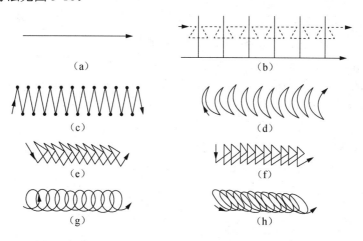

图3-18　运条的方法

（4）焊道的连接

在操作时，由于受到焊条长度的限制或操作姿势的变换，一根焊条往往不可能完成一条焊道，因此，出现了焊道的连接。焊道的连接方式主要有尾头相接式、头头相接式、尾尾相接式、头尾相接式，见图3-19。

（5）焊道的收尾

焊道的收尾是指一条焊道结束时的收尾工作。如果没有经验，收尾即断弧，则会形成低于焊件表面的弧坑，此处最薄弱，影响焊道质量。常用焊道的收尾方法有画圈收尾法、反复断弧收尾法、回焊收尾法。

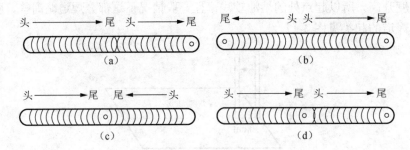

图 3-19　焊道的连接方式

3. 注意事项

1）引弧处应无油污、锈斑，以免影响导电和使熔池产生氧化物，导致焊缝产生气孔和夹渣。

2）为了便于引弧，焊条前端应裸露焊芯。若引弧时焊芯不裸露，可用锉刀轻锉，不得敲击过猛，以免药皮脱落。

3）焊条与焊件接触后，焊条提起的时间要适当。

4）重新引弧时要注意夹持好焊条，再重复以上步骤。

5）引弧的质量主要由操作工的引弧熟练程度来决定，在规定的时间内，引燃电弧的成功次数越多，引弧的位置越准确，说明越熟练。可分别用两种焊条在低碳钢板上进行操作。

6）初学者要注意防止电弧光灼伤眼睛，应加强对刚焊完的试件和焊条头的保管。

二、实训评价

项目	分值	扣分标准
操作姿势是否正确	10	酌情扣分
引弧方法是否正确	10	酌情扣分
运条方法是否正确	10	酌情扣分
定点引弧方法是否正确	8	酌情扣分
引弧堆焊方法是否正确	8	酌情扣分
平敷焊道是否均匀	14	酌情扣分
焊道起头是否圆滑	8	起头不圆滑不得分
焊道接头是否平整	8	接头不平整不得分
收尾是否无弧坑	8	出现弧坑不得分
焊缝是否平直	8	焊缝不平直不得分
焊缝宽度是否一致	8	焊缝宽度不一致不得分

？ 想一想

1. 焊接电流的大小根据什么因素确定？
2. 焊接时怎样使焊件上没有引弧的痕迹？
3. 焊条的分类及选用原则有哪些？
4. 常用的焊接引弧方法有哪些？手工电弧焊的引弧方法有哪些？应如何操作？

单元二　板对接焊

学习目标

1）掌握单面焊双面成形的概念。
2）掌握板对接单面焊双面成形的操作要点。

学一学

一、焊接坡口的类型与尺寸

坡口是指为保证焊件根部焊透而在焊件上预先开设的沟槽。开坡口的目的是保证电弧能深入接头根部，便于清渣，能调节焊缝金属中母材与填充金属的比例。

1. 坡口的类型

坡口的类型见图 3-20。

2. 坡口的尺寸及符号

坡口的尺寸见图 3-21。

1）坡口面角度（β）和坡口角度（α）。待焊件上的坡口表面称为坡口面；待加工坡口的端面与坡口面之间的夹角称为坡口面角度，用 β 表示；两坡口面之间的夹角称为坡口角度，用 α 表示。

2）根部间隙（b）。焊前在接头根部之间预留的空隙称为根部间隙，用 b 表示。根部间隙的作用是在焊接底层焊道时，能保证根部焊透。

3）钝边（p）。焊件开坡口时，沿焊件接头坡口根部的端面直边部分称为钝边，用 p 表示。钝边的作用是防止根部烧穿，但钝边值太大，又会使根部焊不透。

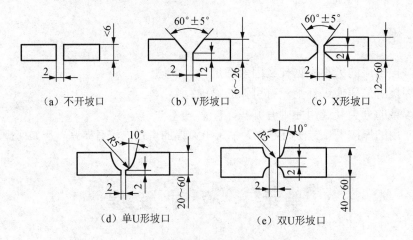

（a）不开坡口　　　（b）V形坡口　　　（c）X形坡口

（d）单U形坡口　　　　（e）双U形坡口

图 3-20　坡口的类型

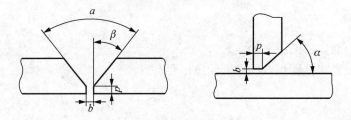

图 3-21　坡口的尺寸

4）根部半径（R）。在 J 形、U 形坡口根部的圆角半径称为根部半径，用 R 表示。根部半径的作用是增大坡口根部的横向空间，使焊条（焊丝）能够伸入根部，保证根部焊透。

5）坡口深度（H）。焊件上开坡口部分的高度称为坡口深度，用 H 表示。

3. 坡口的选择原则

选择坡口时应考虑以下几条原则。

1）保证焊接质量。

2）便于焊接施工。

3）坡口加工简单。

4）坡口的断面面积尽可能小。

5）便于控制焊接变形。

二、焊接接头的类型

常见焊接接头的类型见表 3-4。

表 3-4　常见焊接接头的类型

名称	焊缝形式	名称	焊缝形式
对接接头		端接接头	0°～30°
T形接头		斜对接接头	
角接接头		卷边对接接头	
搭接接头		封底对接接头	

三、焊缝的形式及形状尺寸

1. 焊缝的形式

按焊缝的结构形式可分为对接焊缝、角焊缝和塞焊缝。

按施焊时焊缝在空间所处的位置可分为平焊缝、横焊缝、立焊缝、仰焊缝、平角焊缝、仰角焊缝。

按焊缝的断续情况可分为定位焊缝、连续焊缝和断续焊缝。

2. 焊缝的形状尺寸

1）焊缝宽度（c）。焊缝表面与母材的交界处称为焊趾，焊缝表面两焊趾之间的距离称为焊缝宽度，用 c 表示，见图 3-22。

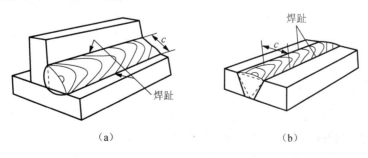

（a）　　　　　　　　　　　　　（b）

图 3-22　焊缝宽度

2）余高（h）。超出母材表面焊趾连线上面的那部分焊缝金属的最大高度叫余高，用 h 表示，见图 3-23。

3）熔深。在焊接接头横截面上，母材或前道焊缝熔化的深度称为熔深，见图 3-24。

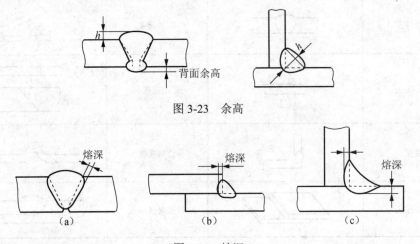

图 3-23　余高

图 3-24　熔深

4）焊缝厚度（δ），见图 3-25。

在焊缝横截面中，从焊缝正面到焊缝背面的距离，称为焊缝厚度。

焊缝计算厚度是设计焊缝时使用的焊缝厚度。

5）焊脚尺寸（K）。角焊缝的横截面中，从一个直角面上的焊趾到另一个直角面表面的最小距离，称为焊脚。在角焊缝的横截面中画出的最大等腰直角三角形中直角边的长度称为焊脚尺寸，见图 3-25。

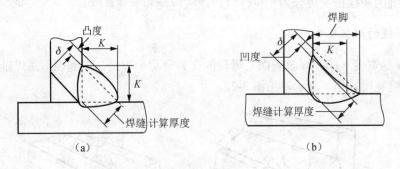

图 3-25　焊缝厚度

6）焊缝成形系数（$\phi=c/H$），见图 3-26。熔焊时，在单道焊缝横截面上焊缝宽度（c）与焊缝计算厚度（H）的比值（$\phi=c/H$），称为焊缝成形系数。

7）熔合比是指熔焊时，被熔化的母材在焊道金属中所占的百分比。

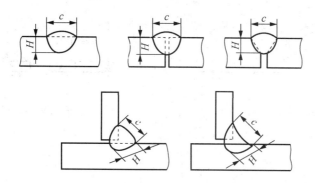

图 3-26　焊缝成形系数

四、焊接位置

根据 GB/T 3375—1994《焊接术语》的规定，焊接位置，即熔焊时焊件接缝所处的空间位置，可用焊缝倾角和焊缝转角来确定。焊接位置有平焊、横焊、立焊和仰焊位置等，见图 3-27。

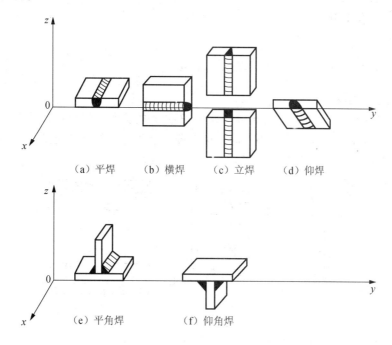

图 3-27　焊接位置

焊缝倾角是指焊缝轴线与水平面之间的夹角，见图 3-28。

焊缝转角是指焊缝中心线（焊根和表面层中心连线）和水平参照面 y 轴的夹角，见图 3-29。

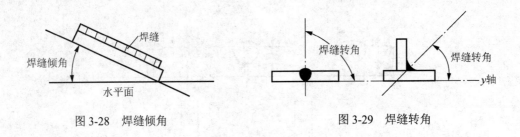

图 3-28　焊缝倾角　　　　　　　　图 3-29　焊缝转角

五、焊接缺陷

1. 焊接缺陷的分类

1）外部缺陷。外部缺陷位于焊缝外表面，用肉眼或低倍放大镜就可以看到。

2）内部缺陷。内部缺陷位于焊缝内部，这类缺陷可用无损探伤检验或破坏性检验方法来发现。

2. 焊接缺陷的危害

1）引起应力集中。

2）造成脆断。

3. 焊接缺陷类型、产生的原因及防止措施

（1）焊缝形状及尺寸不符合要求

1）产生焊缝形状及尺寸不符合要求（图 3-30）的原因：焊接坡口角度不当或装配间隙不均匀，焊接电流过大或过小，运条速度或手法不当及焊条角度选择不合适。埋弧焊时，主要是由于焊接参数选择不当。

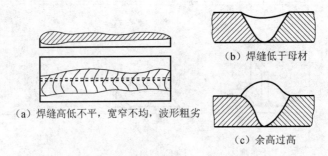

（a）焊缝高低不平，宽窄不均，波形粗劣

（b）焊缝低于母材

（c）余高过高

图 3-30　焊缝形状及尺寸不符合要求

2）防止措施：选择正确的坡口角度及装配间隙；正确选择焊接参数；提高焊工操作技术水平，正确地掌握运条手法和速度，随时适应焊件装配间隙的变化，以保持焊缝的均匀。

（2）咬边

1）产生咬边（图 3-31）的原因：焊接电流过大及运条速度不合适，角焊时焊条角度或电弧长度不适当，埋弧焊时焊接速度过快等。

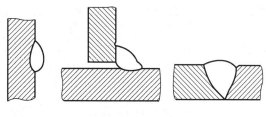

图 3-31 咬边

2）防止措施：选择适当的焊接电流，保持运条速度均匀；角焊时焊条要采用合适的角度和保持一定的电弧长度；埋弧焊时要正确选择焊接参数。

（3）焊瘤

1）产生焊瘤（图 3-32）的原因：焊接电流过大，焊接速度过慢，引起熔池温度过高，液态金属凝固较慢，在自重作用下形成焊瘤。操作技能不熟练和运条不当，也易产生焊瘤。

2）防止措施：提高操作技术水平，选用正确的焊接电流，控制熔池的温度。使用碱性焊条时宜采用短弧焊接，运条方法要正确。

（4）凹坑与弧坑

1）产生凹坑与弧坑（图 3-33）的原因：操作技能不熟练，电弧拉得过长；焊接表面焊缝时，焊接电流过大，焊条又未适当摆动，熄弧过快；过早进行表面焊缝焊接或中心偏移等会导致凹坑；埋弧焊时，导电嘴压得过低，造成导电嘴黏渣，也会使表面焊缝两侧凹陷等。

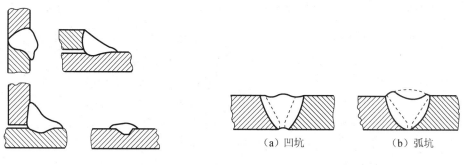

图 3-32 焊瘤 　　　图 3-33 凹坑与弧坑　
（a）凹坑　　　（b）弧坑

2）防止措施：提高焊工操作技能；采用短弧焊接；填满弧坑，如焊条电弧焊时，焊条在收尾处做短时间的停留或做几次环形运条；使用收弧板；CO_2 气体保护焊时，选用有"火口处理（弧坑处理）"装置的焊机。

（5）下塌与烧穿

1）产生下塌与烧穿（图 3-34）的原因：焊接电流过大，焊接速度过慢，使电弧在焊缝处停留时间过长；装配间隙太大，也会产生上述缺陷。

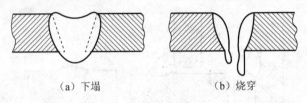

（a）下塌　　　　　　　　　（b）烧穿

图 3-34　下塌与烧穿

2）防止措施：正确选择焊接电流和焊接速度，减少熔池高温停留时间，严格控制焊件的装配间隙。

（6）裂纹

各部位的焊接裂纹见图 3-35。

1）热裂纹的形成，见图 3-36。

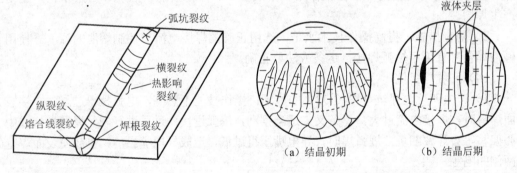

图 3-35　各部位的焊接裂纹　　　　　　图 3-36　热裂纹的形成

产生热裂纹的原因：焊缝结晶时，杂质和低熔点共晶物在晶界处偏析。由于它们的熔点比焊缝金属低，所以在结晶过程中以液态间层存在。当受到一定大小的拉伸内应力时，液体间层被拉开而形成热裂纹。由此可见，拉应力是产生热裂纹的外因，晶界上的低熔点共晶体是产生热裂纹的内因，拉应力通过晶界上的低熔点共晶体而造成热裂纹。

热裂纹的防止措施：限制钢材和焊材中的硫、磷等元素的含量；降低含碳量；改善熔池金属的一次结晶；控制焊接参数；采用碱性焊条和焊剂；采用适当的断弧方式；降低焊接应力。

2）冷裂纹，见图 3-37。产生冷裂纹的原理见图 3-38。

冷裂纹的特征：冷裂纹的断裂表面没有氧化色彩；冷裂纹多产生在热影响区或热影响区与焊缝交界的熔合线上，但也有可能产生在焊缝上；冷裂纹一般为穿晶裂纹，少数情况下也可能沿晶界发生。

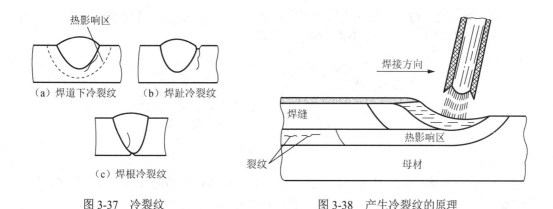

图 3-37　冷裂纹　　　　　　图 3-38　产生冷裂纹的原理

冷裂纹的防止措施：选用碱性低氢型焊条，可减少焊缝中的氢；焊条和焊剂应严格按规定进行烘干，随用随取；改善焊缝金属的性能，加入某些合金元素以提高焊缝金属的塑性；正确选择焊接参数，采取预热、缓冷、后热及焊后热处理等工艺措施；改善结构的应力状态，降低焊接应力等。

（7）气孔

1）产生气孔（图 3-39）的原因：焊接时，高温熔池内存在着各种气体，一部分是能溶解于液态金属中的氢气和氮气；另一部分是冶金反应产生的不溶于液态金属的一氧化碳等。焊缝结晶时，由于焊接熔池结晶速度快，气泡来不及逸出而残留在焊缝中形成了气孔。

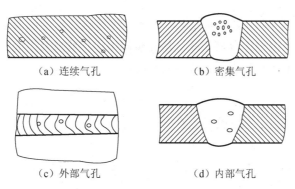

（a）连续气孔　　　　　　（b）密集气孔

（c）外部气孔　　　　　　（d）内部气孔

图 3-39　焊缝中的气孔

2）防止措施：焊前将焊丝和焊接坡口及其两侧 20～30mm 范围内的焊件表面清理干净；焊条和焊剂按规定进行烘干，不得使用药皮开裂、剥落、变质、偏心或焊芯锈蚀的焊条；选择合适的焊接参数；碱性焊条施焊时应采用短弧焊，并采用直流反接；若发现焊条偏心，要及时调整焊条角度或更换焊条。

（8）夹渣

1）产生夹渣（图 3-40）的原因：焊件边缘及焊道、焊层之间清理不干净；焊接电流太小，焊接速度过大，使熔渣残留下来而来不及浮出；运条角度和运条方法不当，使熔渣和铁液分离不清，以致阻碍了熔渣上浮等。

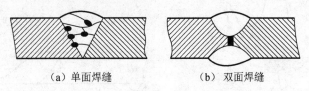

(a) 单面焊缝   (b) 双面焊缝

图 3-40　夹渣

2) 防止措施：采用具有良好工艺性能的焊条；选择适当的焊接参数；焊前、焊间要做好清理工作，清除残留的锈皮和熔渣；操作过程中注意熔渣的流动方向，调整焊条角度和运条方法，特别是在采用酸性焊条时，必须使熔渣在熔池的后面，若熔渣流到熔池的前面，则很容易产生夹渣。

(9) 未焊透

1) 产生未焊透（图 3-41）的原因：焊接坡口钝边过大，坡口角度太小，装配间隙太小；焊接电流过小，焊接速度过快，会使熔深较浅，边缘未充分熔化；焊条角度不正确，电弧偏吹，使电弧热量偏于焊件一侧；层间或母材边缘的铁锈或氧化皮及油污等未清理干净。

2) 防止措施：正确选用坡口形式及尺寸，保证装配间隙；正确选用焊接电流和焊接速度；认真操作，防止焊偏，注意调整焊条角度，使熔化金属与母材金属充分熔合。

(10) 未熔合

1) 产生未熔合（图 3-42）的原因：焊条、焊丝或焊炬火焰偏于坡口一侧，使母材或前一层焊缝金属未得到充分熔化就被填充金属覆盖；坡口及层间清理不干净；单面焊双面成形焊接时，第一层的电弧燃烧时间短等。

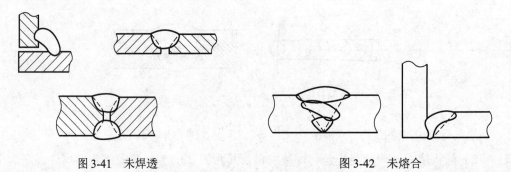

图 3-41　未焊透　　　　　　　　　　　　图 3-42　未熔合

2) 防止措施：焊条、焊丝和焊炬的角度要合适，运条摆动应适当，要注意观察坡口两侧的熔化情况；选用稍大的焊接电流和火焰能率，焊速不宜过快，使热量增加到足以熔化母材或前一层焊缝金属；发生电弧偏吹时应及时调整角度，使电弧对准熔池；加强坡口及层间清理。

（11）夹钨

1）产生夹钨的原因：当焊接电流过大或钨极直径太小时，钨极端部强烈地熔化烧损；氩气保护不良引起钨极烧损；炽热的钨极触及熔池或焊丝而产生飞溅等。

2）防止措施：根据工件的厚度选择相应的焊接电流和钨极直径；使用纯度符合标准的氩气；施焊时，采用高频振荡器引弧，在不妨碍操作的情况下，尽量采用短弧，以增强保护效果；操作要仔细，不使钨极触及熔池或焊丝产生飞溅，经常修磨钨极端部。

 练一练

活动1 V形坡口对接平焊

完成图3-43所示的V形坡口对接平焊训练。

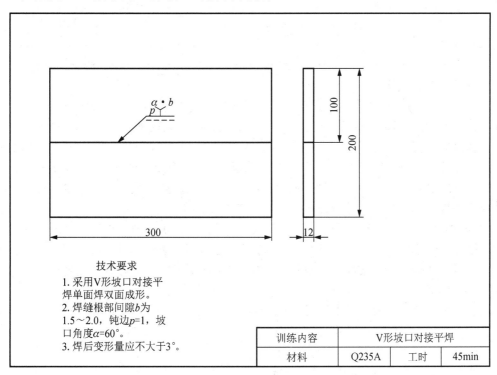

技术要求

1. 采用V形坡口对接平焊单面焊双面成形。
2. 焊缝根部间隙 b 为 1.5～2.0，钝边 $p=1$，坡口角度 $\alpha=60°$。
3. 焊后变形量应不大于3°。

训练内容	V形坡口对接平焊		
材料	Q235A	工时	45min

图3-43 V形坡口对接平焊训练工件

一、实训要点

1. 操作要领

（1）操作步骤

1）用砂纸打光待焊处，直至露出金属光泽。

2）装配定位焊。

3）校正焊件。

4）引弧（起头）→运条（连接）→收尾。

5）焊后检验。

（2）不开坡口的平对接焊

1）装配定位焊。焊件装配应保证两板对接处齐平，间隙均匀。定位焊缝长度和间距与焊件厚度的关系见表 3-5。

表 3-5　定位焊缝长度和间距与焊件厚度的关系

单位：mm

焊件厚度	定位焊缝尺寸	
	长度	间距
<4	5～10	50～100
4～12	10～20	100～200
>12	15～30	100～300

为保证定位焊缝的质量，应做到以下几点。

① 定位焊缝一般作为以后正式焊缝的一部分，所以焊条应与正式焊接时相同。

② 为防止未焊透等缺陷，定位焊时电流应比正式焊接时的电流大 10%～15%。

③ 如果遇到焊缝交叉时，定位焊缝应离交叉处 50mm 以上。定位焊缝的余高不应过高，定位焊缝的两端应与母材平缓过渡，以防止正式焊接时产生未焊透等缺陷。

④ 如果定位焊缝开裂，必须将裂纹处的焊缝铲除后重新定位焊。在定位焊之后，如果出现接口不平齐，应进行校正，然后才能正式焊接。

2）焊接方法。焊缝的起头、连接和收尾与平敷焊要求相同。首先进行正面焊接，用直径 3.2mm 的焊条，焊接电流为 90～120A，直线形运条法，且为短弧焊。为了获得较大的熔深和宽度，运条速度可慢些，使熔深达到板厚的 2/3，焊缝宽度为 5～8mm，余高为 1.5mm。

在正面焊完后，接着进行反面封底焊接。焊接之前，应彻底清除熔渣。当用直径 3.2mm 的焊条焊接时，电流可适当大些，运条速度稍快，以熔透为原则。

（3）薄板的平对接焊

当焊接厚度为 2mm 或更薄的焊件时，最容易产生烧穿、焊缝成形不良、焊后变形严重等缺陷。操作中应注意以下几点。

1）装配间隙最大不应超过 0.5mm。

2）两板装配时，坡口处的上下错边不应超过板厚的 1/3。对于某些要求较高的焊件，错边不应大于 0.2mm，可采用夹具组装。

3）采用直径较小的焊条焊接时，定位焊缝应短，近似点状，定位焊缝间距应小些。

4）焊接时应采用短弧和快速直线运条法，以获得较小熔池和整齐的焊缝。

5）操作时，最好将焊件一头垫起，使其倾斜 15°～20° 进行下坡焊。

6）由于薄板受热易产生翘曲变形，焊接后应进行校正，直至符合要求。

（4）开坡口的平对接焊

焊接较厚的试件时应开坡口，以保证根部焊透。一般开 V 形或 X 形坡口，采用多层焊和多层多道焊。

（5）单面焊双面成形

有些焊接结构，不能进行双面焊，只能从接头一面焊接，又要保证整个接头焊透，这种焊接称为单面焊双面成形。焊接时，选用直径 3.2mm 的焊条，组装时留 3～4mm 间隙，用 100～120V 的焊接电流进行打底层焊接。其余各层均按多层焊和多层多道焊的要求焊接。

2. 注意事项

1）操作方法正确。

2）能正确检查坡口角度。

3）焊缝表面没有气孔、裂纹，局部咬边深度不得大于 0.5mm。

4）焊缝几何形状符合质量要求。

5）抽查全长 20% 的焊缝进行 X 射线检查，按国家标准 GB/T 3323—2005《金属熔化焊焊接接头射线照相》规定达到三级标准。

二、实训评价

项目	分值	扣分标准
正面焊缝余高 h/mm	8	$0 \leqslant h \leqslant 3$，超差不得分
背面焊缝余高 h_1/mm	6	$0 \leqslant h_1 \leqslant 2$，超差不得分
正面焊缝余高差 h'/mm	8	$h' \leqslant 2$，超差不得分
正面焊缝每侧比坡口增宽/mm	6	$\leqslant 2.5$，超差不得分
焊缝宽度差/mm	7	$\leqslant 2$，超差不得分
焊缝边缘直线度误差/mm	5	$\leqslant 2$，超差不得分
焊后角变形 α	8	$\alpha \leqslant 3°$，超差不得分
咬边缺陷深度/mm	8	$\leqslant 0.5$，超差不得分
未焊透	8	出现未焊透不得分
管子错边量/mm	5	$\leqslant 1$，超差不得分
焊瘤	8	出现焊瘤不得分
气孔	8	出现气孔不得分
焊缝表面波纹细腻、均匀，成形美观	15	根据成形情况酌情扣分

活动 2　V 形坡口对接立焊

完成图 3-44 所示的 V 形坡口对接立焊训练。

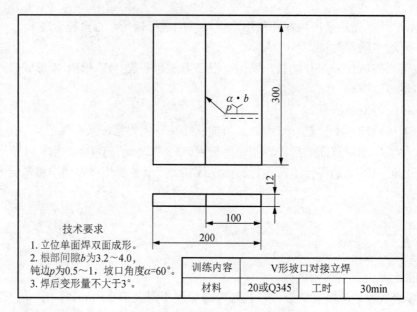

技术要求
1. 立位单面焊双面成形。
2. 根部间隙b为3.2～4.0，
钝边p为0.5～1，坡口角度$\alpha=60°$。
3. 焊后变形量不大于3°。

训练内容	V形坡口对接立焊		
材料	20或Q345	工时	30min

图 3-44　V形坡口对接立焊训练工件

一、实训要点

对接立焊是指对接接头处于立焊位置时的操作，一般采取从下往上焊接的方式，见图 3-45。有时焊接薄板或间隙较大时，采取从上往下焊接的方式。

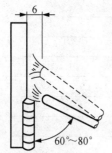

图 3-45　对接立焊

（一）操作要点

操作要点：对接立焊的挑弧焊和灭弧焊；起头和接头的预热法；对接立焊的单面焊双面成形技能。

1. 操作手法

为控制熔池温度，避免熔滴金属下淌，常采用挑弧法和灭弧法。下面讲解挑弧法。

立焊时，一般在焊件根部间隙不大且不要求背面焊缝成形的第一层焊道采用挑弧焊。其要领是当熔滴过渡到熔池后，立即将电弧向焊接方向（向上）挑起，弧长不超过 6mm，且电弧不熄灭。当熔池金属凝固，熔池颜色由亮变暗时，将电弧立即拉回到熔池；当熔滴过渡到熔池后，再向上挑起电弧，如此不断地重复进行。其节奏应该有规律，落弧时，熔池体积应尽量小，但熔合状况要好；挑弧时，熔池温度要掌握好，实施下落很重要。

2. I形坡口对接立焊

（1）立焊灭弧法
一般在I形坡口的装配间隙偏大的第一层焊道和对接立焊单面焊双面成形的打底层

采用灭弧法。其要领是当熔滴过渡到熔池后，因熔池温度较高，熔滴金属有下淌趋向，这时立即将电弧熄灭，使熔池金属有瞬时凝固的机会。随后重新在灭弧处引弧，当形成的新熔池熔合良好后，再立即灭弧。灭弧停顿时间的长短要根据熔池温度的高低做相应的调节，电弧持续燃烧的时间根据熔池的熔合状况灵活掌握。

对接立焊的起头和接头处，由于起焊时焊件温度偏低，容易产生焊道过高凸起和夹渣等缺陷，因此，焊件接头、起头时应采用预热法进行焊接。其方法是在焊件的起焊处引燃电弧，并将电弧拉长 3～6mm，适当延长预热烘烤时间（一般熔滴下落 2～4 滴），当焊接部位有熔化迹象时，把电弧逐渐推向待焊处，保证熔池与焊件良好熔合。

（2）运条方法

第一层焊道采用挑弧法或灭弧法完成后，焊接第二层焊缝（表面焊缝）时，一般采用锯齿形或月牙形运条法运条。运条方法选定后，焊接时要合理地选择焊条的摆动幅度、摆动频率，以控制焊条上移的速度，掌握熔池温度和形状的变化。

焊条摆动的幅度应稍小于焊缝要求的宽度。操作时，当熔池的边缘移近焊缝宽度界限处时，焊条就要立即向焊缝的另一侧摆动，如此左右摆动，在控制摆幅的同时向上移动焊条。

焊条向上移动的速度应根据熔池的温度变化进行调整。熔池温度偏高，上移速度就稍快。焊条摆动频率的快慢，直接影响焊缝外观成形。摆动频率快，焊缝波纹较细且平整；摆动频率慢，焊缝波纹较粗且成形不太光滑。要采用合适的焊条摆动频率，调整与其相适应的焊接电流。

（3）开坡口对接立焊

开坡口的焊件一般采用多层焊或多层多道焊，包括打底层焊、填充层焊和表面层焊。填充层焊和表面层焊是单面焊双面成形焊接的基础，打底层焊是关键。为了掌握此项技术，应先进行开坡口对接立焊的训练，以熟悉填充层焊和表面层焊的操作要领，再强化打底层焊的训练，从而完全掌握单面焊双面成形技术。

开坡口对接立焊的打底层焊道的背面成形不作要求，操作方法与 I 形坡口的焊接方法相同。

填充层焊接前应清理干净上一层焊道的熔渣，每层所焊焊道要求平整，避免焊道成形中间高、两侧低的尖角形状，给以后焊接带来困难，从而造成夹渣、未焊透等缺陷。填充层焊接可采用图 3-46 所示的运条法。

无论采用哪一种运条法，焊条摆动到焊道两侧时，都要稍作停顿或上下稍作摆动，以控制熔池温度，使两侧良好熔合，并保持扁圆形的熔池外形。

填充层的最后一层焊道应低于焊件表面 1～1.5mm，显露坡口边缘。表面焊形成修饰焊缝，直接影响焊缝外观质量。焊接时可根据焊缝余高的不同采用不同的运条法，若要求余高稍平些，可采用锯齿形运条法；若要求余高稍凸些，可采用月牙形运条法。运条速度要均匀，摆动要有节奏，见图 3-47。

运条至 a、b 两点时，应将电弧进一步缩短并稍作停顿，这样有利于熔滴过渡和防止咬边。焊条摆动到焊道中间的过程要快些，防止熔池外形凸起产生焊瘤。若表面焊道要获得薄而细腻的焊缝波纹，焊接时可采用短弧运条法，焊接电流稍大，与焊条摆动频率相适应，采用快速左右摆动的运条法。

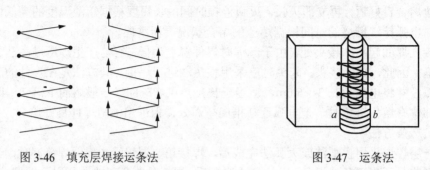

图 3-46 填充层焊接运条法　　　　图 3-47 运条法

3. 板对接立焊单面焊双面成形

其操作要领和板对接焊相同。焊接时焊件垂直固定，高度以板的上缘与焊工两脚叉开站立时的视线齐平为宜。

打底层焊时，首先在定位焊缝上方 10～17mm 处引弧，然后将电弧拉回到定位焊缝中心稍作摆动进行预热，再压低电弧焊接，使钝边根部与定位焊缝熔化形成第一个熔池，接着左右灭弧击穿焊接。两侧击穿的缺口应均匀，且保持在 1.5～2.5mm 范围内。缺口过大，会因为电弧燃烧时间长、熔池温度升高使液态金属体积偏大，重力大于表面张力而下滴，造成背面焊缝超高，甚至出现焊瘤；缺口过小，则焊不透。

焊缝背面如果透度不够，击穿焊时，可将熔孔击穿略大一些；如果背面余高过高，则应缩小击穿的熔孔，同时要减少熔焊停留的时间。击穿焊接燃弧时间以 1.5～2s 为宜，灭弧以 1～1.5s 为宜。

更换焊条前在熔池旁断续灭弧一两下，然后将焊条拉向斜下方坡口一侧迅速灭弧，防止出现冷缩孔。快速更换焊条后，在接头上方的 10～15mm 处引弧，将电弧拉长到弧坑处预热适当时间，并向坡口根部压一下，以使熔滴送入熔窝根部，听到背面"扑扑"的击穿声，说明已经焊透，灭弧转入正常的左右击穿灭弧焊接。

（二）操作过程

1）修磨坡口、钝边，装配定位焊并预留反变形量。

2）用直径 3.2mm 的焊条进行打底层焊接。

3）层间熔渣清理干净，用直径 4.0mm 的焊条进行以后几层的填充层焊接。

4）用直径 4.0mm 的焊条进行表面层焊接。

5）清理熔渣及飞溅物，检查焊接质量。

（三）注意事项

1）严格控制击穿焊的电弧加热时间，熔孔大小要适当，运条角度要正确，保持短弧焊接。

　　2）打底层焊时，送移熔敷金属应尽可能少，保持焊道薄些，以利于背面焊缝成形。

　　3）填充层焊道应平整，无尖角和夹渣等缺陷。

　　4）表面焊缝余高、熔宽应大致均匀，无咬边、夹渣等缺陷。

二、实训评价

项目	分值	扣分标准
正面焊缝余高 h/mm	8	$0 \leqslant h \leqslant 3$，超差不得分
背面焊缝余高 h_1/mm	8	$0 \leqslant h \leqslant 2$，超差不得分
正面焊缝余高差 h'/mm	8	$h' \leqslant 2$，超差不得分
焊缝宽度 c/mm	8	$c \leqslant$ 坡口宽度+2.5，超差不得分
焊缝宽度差 c'/mm	8	$c' \leqslant 2$，超差不得分
焊后角变形 α	8	$\alpha \leqslant 3°$，超差不得分
咬边/mm	8	深度$\leqslant 0.5$，长度$\leqslant 15$，超差不得分
未焊透	8	出现未焊透不得分
管子错边量/mm	5	$\leqslant 1$，超差不得分
焊瘤	8	出现焊瘤不得分
气孔	8	出现气孔不得分
焊缝表面波纹细腻、均匀，成形美观	15	根据成形情况酌情扣分

活动3　V形坡口对接横焊

完成图3-48所示的V形坡口对接横焊训练。

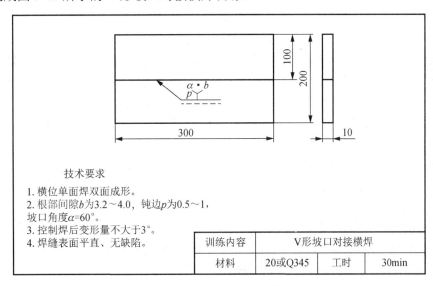

技术要求

1. 横位单面焊双面成形。
2. 根部间隙b为3.2~4.0，钝边p为0.5~1，坡口角度α=60°。
3. 控制焊后变形量不大于3°。
4. 焊缝表面平直、无缺陷。

训练内容	V形坡口对接横焊		
材料	20或Q345	工时	30min

图3-48　V形坡口对接横焊训练工件

一、实训要点

横对接焊是指对接接头焊件处于垂直位置而接口为水平位置时的焊接操作，见图 3-49。

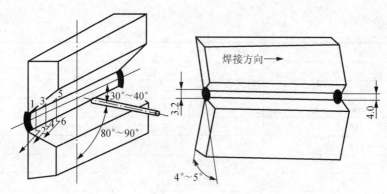

图 3-49　横对接焊
1～6 焊接运条的过程

（一）操作要领

横焊时，熔化金属在重力的作用下容易下淌，且在焊缝上侧易出现咬边，下侧易出现下坠而造成未熔合和焊瘤。因此，横焊时，要选用合适的焊接工艺参数，同时运用正确的操作方法。

1．I 形坡口的横对接焊

当焊件厚度小于 6mm 时，一般不开坡口，采用双面焊接。

焊接正面焊缝时，焊件装配可留有 1～2mm 间隙，以得到一定的熔深。两端定位焊后，要进行校正，不应错边。采取两层焊，第一层焊道宜采用直线往复形运条法，选用直径 3.2mm 的焊条，焊条向下倾斜与水平面成 15° 左右夹角，与焊接方向成 70° 左右夹角。这样可借助电弧的吹力拖住熔化金属，防止其下淌。选择焊接电流可比平对接焊的电流小 10%～15%。

操作时，要时刻观察熔池温度的变化。若温度偏高，熔滴有下淌趋向，要适时运用灭弧法来调节，以防出现烧穿、咬边等缺陷。表面层的焊接可采用多道焊作为表面修饰焊缝。一般堆焊三条焊道：第一条焊道应紧靠在第一层焊道的下面焊接，第二层焊道压在第一条焊道上面 1/3～1/2 的宽度，第三条焊道压在第二条焊道上面 1/2～2/3 的宽度。要求第三条焊道与母材圆滑过渡，最好能窄而薄些。因此，运条速度应稍快，焊接电流要小些。表面层焊接宜采用直线形或直线往复形运条法。

焊接背面封底前要将熔渣清理干净，选用直径 3.2mm 的焊条，为保证有一定熔深与正面焊缝熔合，焊接电流应稍大些，采用直线形运条法进行焊接，用一条焊道焊完背面封底。

2. 开坡口的横对接焊

当焊件较厚时，一般采用 V 形、K 形、单边 V 形等坡口形式。横对接焊时的坡口特点是下面不开坡口或坡口角度小于上面的焊件，这样有助于避免熔化金属下淌，利于焊缝成形。

对于开坡口横对接焊，可采用多层焊或多层多道焊。焊接第一层焊道时，采用直线形或直线往复形运条法。以后各层可采用直线形、直线往复形或斜圆圈形运条法。

3. 板横对接焊单面焊双面成形

焊件应垂直固定在焊接支架上，保证接口水平，焊件上缘与焊工视线齐平。

1）打底层焊接，见图 3-50。

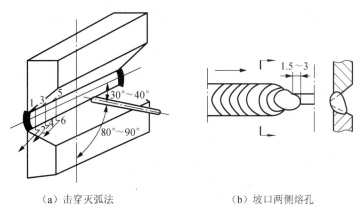

（a）击穿灭弧法 （b）坡口两侧熔孔

图 3-50 打底层焊接操作方式
1～6 焊接运条的过程

首先在定位焊点前引弧，随后将电弧拉到定位焊点的中心部位预热。当坡口钝边即将熔化时，将熔滴送至坡口根部，并压一下电弧，从而使熔滴熔化的部分定位焊缝，并使钝边熔化形成第一个熔池。当听到背面有电弧的击穿声时，立即灭弧，这时已形成明显的熔孔。然后依次先上坡口、后下坡口地往复击穿灭弧焊。灭弧时，焊条向后下方快速动作，要干净利落。在从灭弧转入引弧时，焊条要接近熔池，待熔池温度下降且颜色由亮变暗时，迅速而准确地在原熔池上引弧焊接片刻，再灭弧。如此反复地引弧→焊接→灭弧→准备→引弧。焊接时要求下坡口面击穿的熔孔始终超前上坡口面熔孔0.5～1 个熔孔直径，这样有利于减少熔池金属下坠，避免出现熔合不良的缺陷。

在更换焊条熄弧前，必须向熔池背面补充几滴熔滴，然后将电弧拉到熔池的侧后方灭弧。接头时，在原熔池后面 10～15mm 处灭弧，焊至接头处稍拉长电弧，借助电弧的吹力和热量重新击穿钝边，然后压一下电弧并稍作停顿，形成新的熔池后，再转入正常的往复击穿焊接。

2）填充层焊接，见图3-51。

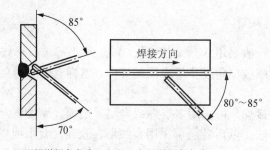

（a）下焊道焊条角度　（b）上焊道焊条角度

图3-51　填充层焊接操作方式

填充层焊接采用多层多道焊，每层焊道均采用直线形或直线往复形运条法。最后一层填充层焊道稍低于焊件表面0.5～1.0mm，以利于表面层焊接。

3）表面层焊接，见图3-52。

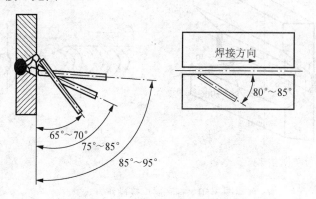

图3-52　表面层焊接操作方式

表面层焊接采用多道焊接，上下边缘焊道焊接时，运条应稍快些，焊道尽可能细、薄一些，这样有利于表面焊缝与母材圆滑过渡。表面焊缝的实际宽度以压住上、下坡口边缘各1.5～2mm为宜。如果焊件较厚、焊缝较宽，表面层焊缝也可以采用大斜圆圈运条法焊接，一次表面成形。

（二）操作过程

1）修磨坡口，装配定位焊并预留反变形量。

2）用直径3.2mm焊条，采用灭弧法进行打底层焊。

3）清理层间熔渣，用直径4.0mm焊条填充焊，采用直线形或斜圆圈形运条法和多层多道焊焊接填充层焊道。

4）清理熔渣，用直径4.0mm焊条，采用多道焊焊接表面层焊道。

5）清理干净熔渣、飞溅物，检查焊接质量。

（三）注意事项

1）表面层多道焊时，每道焊完后不要马上清渣，要等待表面焊缝成形后，一起清除熔渣，这样有利于表面焊缝成形及保持表面的金属光泽。

2）每条焊道之间的搭接长度要适宜，避免脱节、夹渣及焊瘤等缺陷。

3）焊接过程中，保持熔渣对熔池的保护作用，防止熔池裸露而出现较粗劣的焊波。

二、实训评价

项目	分值	扣分标准
正面焊缝余高 h/mm	15	$0 \leqslant h \leqslant 3$，超过标准全扣
背面焊缝余高 h_1/mm	15	$0 \leqslant h_1 \leqslant 2$，超过标准全扣
正面焊缝余高差 h'/mm	15	$0 \leqslant h' \leqslant 2$，超过标准全扣
焊缝每侧增宽/mm	10	$0.5 \sim 2.5$，超过标准全扣
咬边/mm	10	深度 $\leqslant 0.5$，长度为 $0 \sim 10$，超过标准全扣
夹渣、气孔、未熔合、焊瘤	25	应无缺陷，出现一处扣 5 分
焊后角变形 α	10	$0° \leqslant \alpha \leqslant 3°$，超过标准全扣

活动 4　V 形坡口对接仰焊

完成图 3-53 所示的 V 形坡口对接仰焊训练。

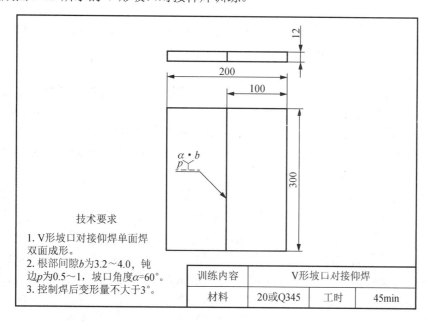

图 3-53　V 形坡口对接仰焊训练工件

一、实训要点

焊接时焊条角度见图3-54。

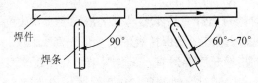

图3-54　焊接时焊条角度

仰焊是焊条位于焊件下方，焊工仰视焊件所进行的焊接。仰焊是各种焊接位置中，操作难度最大的焊接方法。由于熔池倒挂在焊件下面，受重力作用而下坠，同时熔滴自身的重力不利于熔滴过渡，并且熔池温度越高，表面张力越小。所以，仰焊时焊缝背面易产生凹坑，正面易产生焊瘤，焊缝成形较为困难。

1. 操作要点

仰焊过程中必须用短弧焊接，熔池体积尽可能小一些，焊道成形应薄而平。

2. 操作要领

仰焊时挺胸昂首，极易疲劳，而运条过程又需要细心的操作，一旦臂力不支，手就会握不紧焊钳，导致运条不均匀、不稳定，影响焊接质量。因此，要掌握仰焊技术，必须苦练基本功。

操作过程中，两脚分开成半开步站立，反握焊钳，头部左倾注视焊接部位。为了减轻臂腕的负担，往往将焊接电缆搭在临时设置的挂钩上。

（1）仰角焊

根据焊件厚度不同，可采用单层焊或多层多道焊。单层焊可根据焊脚尺寸选择不同直径的焊条，运条时采用直线往复形运条法，短弧焊接；对于焊接尺寸为6～8mm的焊缝可采用斜圆圈运条法。运条时应使焊条端头偏向于接口的上面钢板，使熔滴首先在上面的钢板熔化，然后通过斜圆圈运条法，把熔化的熔滴部分拖到立板上，这样反复运条，使接口的两边都得到均匀的熔合。

当焊接尺寸为8～10mm时，宜用两层四道焊（第一层一道，第二层用三道焊道叠成）。焊接第一层时，焊条端头顶在接头的夹角处，采用直线形运条法，收尾填满弧坑；清渣后焊接第二层。焊接第二层焊道的第一条焊道时，要紧靠第一层焊道边缘，用小直径焊条直线形运条法，焊完后暂不清渣。焊接第二条焊道时，应覆盖第一条焊道长度2/3以上，焊条与立板的角度要稍大些，以能压住电弧为宜。焊接第三条焊道时，对第二条焊道的覆盖应为1/3～1/2，保持焊道与上面钢板圆滑过渡，仍用直线形运条法，速度要均匀，不宜太慢，以免焊道凸起过高，影响焊缝美观。焊后一起清渣。

此外，由于焊件易产生角变形，装配时，在接口两侧对称定位焊接牢固，采取对称焊接，以减小角变形。

（2）V形坡口仰对接焊

当焊件厚度大于5mm时应开坡口，一般V形坡口的角度比平对接焊时大些、钝边厚度小些、根部间隙大些，目的是便于运条和变换焊条位置，以防出现熔深不足和焊不透的缺陷。

开坡口仰对接焊可采用多层焊或多层多道焊。

焊接第一层焊道时，焊接电流比平对接焊的电流小10%～20%，多采用直线往复形运条法。若熔池温度较高，可适当挑弧或灭弧。焊接时，由远向近运条，移动速度尽可能快些，熔池要小一些，焊道应薄一些，防止熔池金属下淌。焊条应少做横向摆动，避免焊道表面形成凸形，凸形焊道不仅会给焊接下一层焊道的操作带来困难，而且容易造成焊道边缘未焊透、夹渣和焊瘤等缺陷。

填充层的焊接，可采用多层焊或多层多道焊。

1）多层焊，见图3-55。焊接第二层焊道时，应将第一层焊道熔渣及飞溅物清理干净，若有焊瘤，应铲平后才能施焊。第二层的焊接电流比第一层稍大些。运条采用锯齿形或月牙形运条法。运条到焊道两侧要稍停片刻，中间摆动要尽可能快，以防产生凸形焊道。

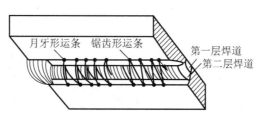

图3-55 多层焊的焊接方式

2）多层多道焊，见图3-56。焊接时宜用直线形运条法，焊条角度应根据每条焊道的位置做相应的调整。每条焊道要良好搭接并认真清渣，以防焊道间脱节和夹渣。

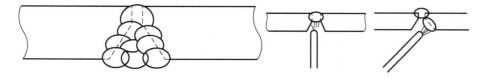

图3-56 多层多道焊的焊接方式

填充层焊完后，其表面应距焊件表面1mm左右，保证坡口的棱边不被熔化，以便表面层焊接时控制焊缝的平直度。

表面层焊接时，需仔细清理熔渣和飞溅物。焊接时可采用锯齿形或月牙形运条法，电弧要短，焊道要薄，注意两侧熔合情况，防止咬边。焊接时保持熔池外形平直，如有凸起出现，可使焊条在坡口两侧停留的时间稍长些，必要时灭弧，以保证焊缝成形均匀平整。

3．操作过程

1）熟悉图样，清理焊件并校正，修锉钝边为 1mm。

2）装配根部间隙为 1～2mm，两端定位焊缝长 10～15mm，做反变形量为 3°，并将焊件仰位固定在距离地面 800～900mm 的位置。

3）用直线形运条法焊接第一层焊道，并清渣，用锯齿形或月牙形运条法焊接填充层焊道和表面层焊道。

4）清理表面，检查焊接质量。

4．注意事项

1）仰焊时熔渣和飞溅物极易灼伤人体，要十分注意劳保用品的穿戴，符合使用要求。

2）电流调节要合适。控制熔池温度及形状，避免出现凸形焊道。反握焊钳短弧操作。

3）仔细清理层间熔渣和飞溅物，以防夹渣。

二、实训评价

项目	分值	扣分标准
正面焊缝余高 h/mm	15	$0 \leqslant h \leqslant 3$，超过标准全扣
背面焊缝余高 h_1/mm	15	$0 \leqslant h_1 \leqslant 2$，超过标准全扣
正面焊缝余高差 h'/mm	15	$0 \leqslant h' \leqslant 2$，超过标准全扣
焊缝每侧增宽/mm	10	0.5～2.5，超过标准全扣
咬边/mm	10	深度≤0.5，长度为 0～10，超过标准全扣
夹渣、气孔、未熔合、焊瘤	25	应无缺陷，出现一处扣 5 分
焊后角变形 α	10	$0 \leqslant \alpha \leqslant 3$°，超过标准全扣

？ 想一想

1．坡口的类型有哪些？坡口的尺寸有哪些？坡口的选用原则是什么？

2．对接立焊时有哪些困难？应如何克服？

3．焊接残余变形的类型、影响因素及控制措施有哪些？

4．开坡口横对接焊时，如何防止熔化金属下淌？

5．横对接焊时容易出现哪些缺陷？应如何防止？

6．仰焊操作有哪些困难？

7．开坡口仰焊和不开坡口仰焊运条各有哪些特点？

8．电弧长度对仰焊焊缝的质量有哪些影响？

单元三 管对接焊

学习目标

1）了解焊接检验的分类和方法。
2）了解固定管焊的概念，掌握固定管定位焊的方法。
3）合理选择固定管焊的焊接参数。
4）掌握运用月牙形或横向锯齿形运条法进行表面层焊接的操作方法。

学一学

焊接检验可分为两大类，即无损检验和破坏性检验，具体分类见图 3-57。

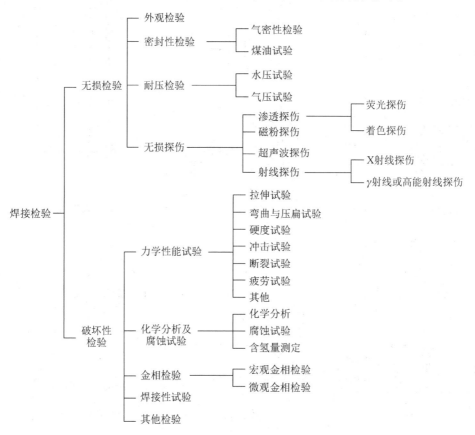

图 3-57 焊接检验的分类

一、无损检验

1. 外观检验

可用焊缝检验尺来检验焊接的质量，焊缝检验尺用法见图 3-58。

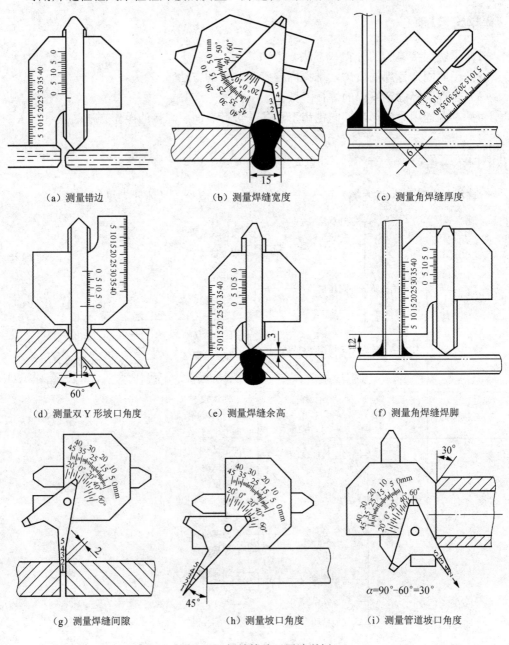

（a）测量错边　　　　　（b）测量焊缝宽度　　　　　（c）测量角焊缝厚度

（d）测量双 Y 形坡口角度　　（e）测量焊缝余高　　　　（f）测量角焊缝焊脚

（g）测量焊缝间隙　　　　（h）测量坡口角度　　　　（i）测量管道坡口角度

图 3-58　焊缝检验尺用法举例

2. 密封性检验

（1）气密性检验

常用的气密性检验是将远低于容器工作压力的压缩空气压入容器，利用容器内外气体的压力差来检查有无泄漏。

（2）煤油试验

在焊缝表面（包括热影响区部分）涂上石灰水溶液，干燥后便呈白色，再在焊缝的另一面涂上煤油。等待 15～20min 后观察焊缝表面，如未显现油斑，可认为焊缝合格。反之，认为焊缝不合格。

3. 耐压检验

（1）水压试验

水压试验主要用来对锅炉、压力容器和管道的整体致密性和强度进行检验，见图3-59。

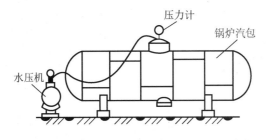

图 3-59　水压试验

（2）气压试验

气压试验和水压试验一样，用于检验在压力下工作的焊接容器和管道的焊缝致密性和强度。气压试验比水压试验更灵敏、更迅速，但气压试验的危险性比水压试验的危险性大。

4. 无损探伤

（1）渗透探伤

渗透探伤是利用带有荧光染料（荧光法）或红色染料（着色法）渗透剂的渗透作用，显示缺陷痕迹的一种无损检验法。它可用于铁磁性和非铁磁性材料的表面缺陷检验，但多用于铁磁性材料的检验。

1）荧光探伤，见图 3-60。检验时，先将被检验的焊件浸渍在具有强渗透力的、有荧光粉的油液中，使油液能渗入细微的表面缺陷，然后将焊件表面清除干净，再撒上显影粉（MgO）。此时，在暗室内的紫外线照射下，残留在表面缺陷内的荧光液就会发光，从而显示缺陷痕迹。

2）着色探伤。着色探伤的原理与荧光探伤相似，不同之处是着色探伤是用着色剂来取代荧光液从而显现缺陷。

（2）磁粉探伤

磁粉探伤是指利用在强磁场中，铁磁性材料表面缺陷产生的漏磁场吸附磁粉的现象而进行的无损检验方法。磁粉检验法只适用于铁磁性材料表面和近表面缺陷的检验，见图 3-61。

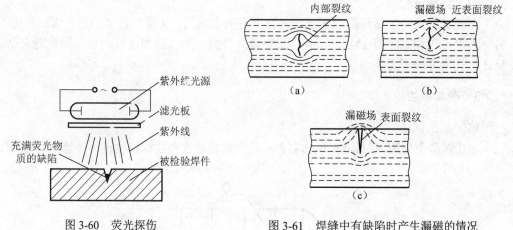

图 3-60　荧光探伤

图 3-61　焊缝中有缺陷时产生漏磁的情况

（3）超声波探伤

超声波探伤是利用超声波（频率超过 20kHz，人耳听不到的高频率声波）在金属内部直线传播时，遇到两种介质的界面会发生反射和折射的原理来检验焊缝缺陷，见图 3-62。

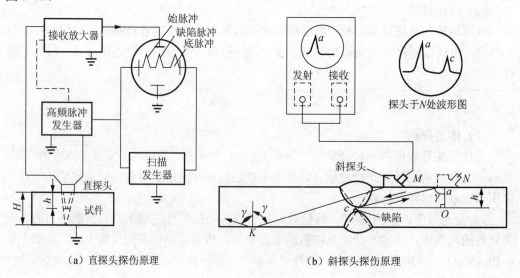

（a）直探头探伤原理

（b）斜探头探伤原理

图 3-62　超声波探伤原理

（4）射线探伤

1）射线探伤的原理。射线探伤是利用 X 射线或 γ 射线照射焊接接头，检查焊缝内部缺陷的一种无损检测法，见图 3-63。它可以显示出缺陷在焊缝内部的种类、形状、位置和大小，可做永久记录。

2）射线探伤时缺陷的识别与评定，见图 3-64 和表 3-6。

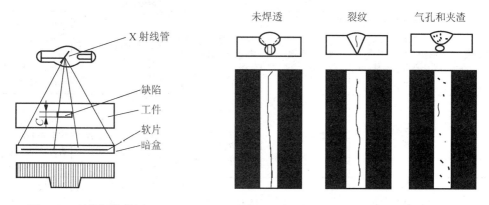

图 3-63　射线探伤的原理　　　　图 3-64　底片中焊接缺陷的影像

表 3-6　常见焊接缺陷的影像特征

焊接缺陷	缺陷影像特征
裂纹	裂纹在底片上一般呈略带曲折的黑色细条纹，有时也呈现直线细纹，轮廓较为分明，两端较为尖细，中部稍宽，很少有分支，两端黑度逐渐变浅，最后消失
未焊透	未焊透在底片上是一条断续或连续的黑色直线。不开坡口对接焊缝中的未焊透，在底片上常是宽度较均匀的黑直线状；V 形坡口对接焊缝中的未焊透，在底片上位置是偏离焊缝中心，呈断续的线状，即使是连续的也不太长，宽度不一致，黑度也不太均匀；V 形、双 V 形坡口双面焊中的底部或中部未焊透，在底片上呈黑色较规则的线状
气孔	气孔在底片上多呈现为圆形或椭圆形黑点，其黑度一般是中心处较大，向边缘处逐渐减少；黑点分布不一致，有密集的，也有单个的
夹渣	夹渣在底片上多呈不同形状的点状或条状。点状夹渣呈单独黑点，黑度均匀，外形不太规则，带有棱角；条状夹渣呈宽而短的粗线条状；长条状夹渣的线条较宽，但宽度不一
未熔合	坡口未熔合在底片上呈一侧平直，另一侧有弯曲，颜色浅、较均匀、线条较宽，端头不规则的黑色直线表示伴有夹渣；层间未熔合影像不规则，且不易分辨
夹钨	夹钨在底片上多呈圆形或不规则的亮斑点，轮廓清晰

射线探伤焊缝质量的评定，可按国家标准 GB/T 3323—2005 的规定进行。

常用无损探伤检验方法的对比见表 3-7。

表 3-7　常用无损探伤检验方法的对比

检验方法	能探出的缺陷	可检验的厚度	灵敏度	判断方法	备注
渗透探伤	贯穿表面的缺陷（如微细裂纹、气孔等）	表面	缺陷宽度小于0.01mm，深度小于0.04mm的检验不出来	直接根据渗透剂在吸附显像剂上的分布，确定缺陷位置。缺陷深度不能确定	焊接接头表面一般不需要加工，有时需要打磨加工
磁粉探伤	表面及近表面的缺陷（如细微裂纹、未焊透、气孔等），被检验表面最好与磁场正交	表面及近表面	比荧光法高；与磁场强度大小及磁粉质量有关	直接根据磁粉分布情况判定缺陷位置。缺陷深度不能确定	焊接接头表面一般不需要加工，有时需要加工；其母材及焊缝金属均为铁磁性材料
超声波探伤	内部缺陷（裂纹、未焊透、气孔等）	焊件厚度上限几乎不受限制，下限一般为8mm	能探出直径大于1mm的气孔、夹渣。探裂纹较灵敏；探表面及近表面的缺陷较不灵敏	根据荧光屏上信号的指示，可判断有无缺陷及其位置和大小。判断缺陷的种类较难	检验部位的表面需加工至 $Ra12.5\sim3.2\mu m$，可以单面探测
X射线探伤	内部缺陷（裂纹、气孔、未焊透、夹渣等）	50kV：0.1～0.6mm 100kV：1.0～5.0mm 150kV：≤25mm 250kV：≤60mm	能检验出尺寸大于焊缝厚度1%～2%的缺陷	从照片底片上能直接判断缺陷种类、大小和分布，对裂纹探测不如超声波法灵敏度高	焊接接头表面不需要加工；正反两个面都必须是可接近的（如无金属飞溅粘连及明显的不平整）

二、破坏性检验

1. 力学性能试验

力学性能试验用来检查焊接材料、焊接接头及焊缝金属的力学性能。焊接试样的截取位置见图3-65。

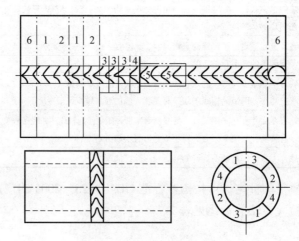

图 3-65　焊接试样的截取位置
1. 拉伸；2. 弯曲；3. 冲击；4. 硬度；5. 焊缝拉伸；6. 舍弃

（1）拉伸试验

拉伸试验是为了测定焊接接头或焊缝金属的抗拉强度、屈服点、伸长率和断面收缩率等的力学性能指标，典型的 3 种拉伸试样（拉伸试验的样本）见图 3-66。

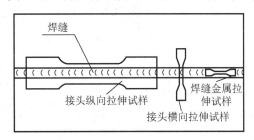

图 3-66　典型的 3 种焊接拉伸试样

（2）弯曲与压扁试验

1）弯曲试验。弯曲试验是测定焊接接头塑性的一种检验方法，见图 3-67。弯曲试验分为横弯、纵弯和侧弯 3 种，横弯和纵弯又可分为正弯和背弯。背弯易于发现焊缝根部缺陷，侧弯则能检验焊层与焊件之间的结合强度。

2）压扁试验，见图 3-68。试验时，通过将管子外壁压至一定值（H）时，以焊缝受拉部位的裂纹情况作为评判标准。其主要用于小直径管接头检验。

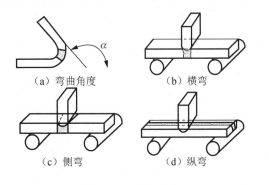

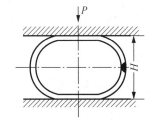

图 3-67　弯曲试验　　　　　　　　图 3-68　管接头纵缝压扁试验

（3）硬度试验

硬度试验是用来测定焊接接头各部位硬度的试验。根据硬度结果可以了解区域偏析和近缝区的淬硬倾向，可供选用焊接工艺时参考。常见测定硬度的试验有布氏硬度试验、洛氏硬度试验和维氏硬度试验。

（4）冲击试验

冲击试验用来测定焊接接头和焊缝金属在受冲击载荷时，不被破坏的能力（韧性）及脆性转变的温度。焊接接头的冲击试样见图 3-69。

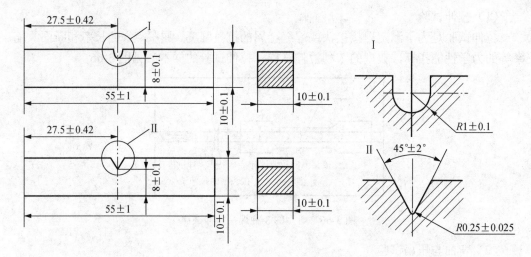

图 3-69　焊接接头的冲击试样

2. 化学分析及腐蚀试验

（1）化学分析

焊缝的化学分析是指检查焊缝金属的化学成分，通常用直径为 6mm 的钻头在焊缝中钻取试样，一般常规分析需要的试样为 50～60g。

（2）腐蚀试验

腐蚀试验的目的在于确定在给定的条件下金属抗腐蚀的能力，估计产品的使用寿命，分析腐蚀的原因，找出防止或延缓腐蚀的方法。

3. 金相检验

（1）宏观金相检验

宏观金相检验是指用肉眼或借助低倍放大镜直接进行检查。

（2）微观金相检验

微观金相检验是指用 1000～1500 倍的显微镜来观察焊接接头各区域的显微组织、偏析、缺陷及析出相的状况等的一种金相检验方法。根据分析检验结果，可确定焊接材料、焊接方法和焊接参数等是否合理。

 练一练

活动 1　水平固定管焊

完成图 3-70 所示的水平固定管焊训练。

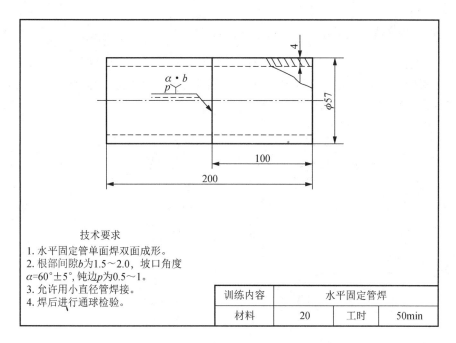

技术要求
1. 水平固定管单面焊双面成形。
2. 根部间隙b为1.5～2.0，坡口角度α=60°±5°，钝边p为0.5～1。
3. 允许用小直径管焊接。
4. 焊后进行通球检验。

训练内容	水平固定管焊		
材料	20	工时	50min

图 3-70　水平固定管焊训练工件

一、实训要点

管对接操作之前，应经过管敷焊（水平、垂直位置）的练习，初步了解管子焊接运条方法及其特点之后，再进行下面各项固定管焊接训练。

水平固定管焊接要通过仰焊、立焊、平焊 3 种位置，也称全位置焊接。因焊缝是环形的，焊接过程中要随焊缝空间位置的变化而相应调整焊条角度，才能保证正常操作。因此，操作有一定的难度。

1. 装配定位焊

装配定位焊时除了清理坡口表面、修锉钝边等要求外，还应该做到以下几方面。

1）管子轴线中心必须对正，内外壁要齐平。应使根部间隙上部大于仰位 0.5～2.0mm，根部间隙一般为 2.5～3.2mm。

2）管径不同，定位焊缝所在位置和数目也不同，小管（直径<51mm）定位焊一处，在后半部的焊口斜平位置上；中管（51mm< 直径<133mm）定位焊两处，在平位和后半部的立焊位置上；大管（直径>133mm）定位焊 3 处，在平位和前后半部立焊位置上。

水平固定管焊接，常从管子仰位开始分两部分焊接，先焊的一部分称为前半部，后焊的一部分称为后半部。两半部的焊接都按仰→立→平位的顺序进行，这样的焊接顺序有利于对熔化金属与熔渣的控制，便于焊缝成形。

2. 打底层焊接

为了使坡口根部焊透，并获得良好的反面成形，应采用单面焊双面成形的技术焊接。其焊接电流应比平焊时的电流小 5%～10%，而比立焊时的电流大 10%～15%，采用灭弧击穿焊法，焊接不同位置的焊条角度见图 3-71。

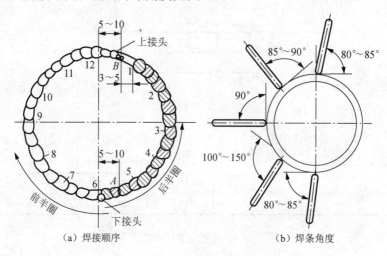

（a）焊接顺序　　　　　　　　（b）焊条角度

图 3-71　焊接顺序与焊条角度

先焊前半部时，起焊和收弧部位都要超过管子垂直中心线 5～10mm，以便于焊接后半部时接头。

焊接从仰位开始，起焊时在坡口内引弧并把电弧引至间隙中，电弧尽量压短 1s 左右，使弧柱透过内壁熔化并击穿坡口的根部。当听到背面电弧的击穿声时，立即灭弧，形成第一个熔池。当熔池降温且颜色变暗时，再压低电弧向上顶，形成第二个熔池，如此反复均匀地向前焊接。这样逐步将钝边熔透使背面成形，直至将前半部焊完。

后半部的操作方法与前半部相似，但要进行仰位、平位的两处接头，见图 3-72。仰位接头时，应把起焊处的较厚焊缝用电弧割成斜坡形。操作时先用长弧烘烤接头，当出现熔化状态时立即拉平焊条，压住熔化金属，通过焊条端头的推力和电弧的吹力把过厚的熔化金属去除形成一缓坡槽，如果一次割不出缓坡，可以多做几次。然后把拉平的焊条角度调整为正常焊接的角度，进行仰位接头。切记灭弧，必须将焊条向上顶一下，以击穿熔化的根部形成熔孔使仰位接头完全熔化，转入正常的灭弧击穿焊接。

平位接头时，运条至斜立焊位置，采用顶弧焊，即将焊条前倾，当焊至距接头 3～5mm 即将封闭时，决不可灭弧，应将焊条向下压一下，听到击穿声后，将焊条在接头处稍作摆动，填满弧坑后熄弧。当与定位焊缝相接时，也采用上述方法操作。

打底层焊接时，为了得到优质的焊缝和良好的背面成形，运条动作要稳定并准确，灭弧动作要果断，电弧要控制短些，保持大小适宜的熔孔。过大的溶孔会使焊缝背面产生下坠或焊瘤，特别是仰焊部位易出现内凹，平焊部位出现背面焊缝过高或焊瘤的现象。因此要求在仰焊位置操作时，电弧在坡口两侧停留的时间不宜过长，且电弧尽量向上顶焊；在平焊位置时，电弧不能在熔池的前面多停留，并保持 2/3 的电弧落在熔池上，这样有利于背面有较好的成形。

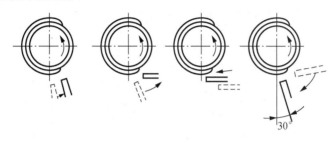

图 3-72　操作方法

3. 填充层的焊接

对于大管或管壁较厚的中小管来说，进行填充层的焊接时也分两半部进行。由于中间层的焊波较宽，一般采用月牙形或锯齿形运条法。焊接时，运条到坡口两侧要稍作停顿，以保证焊道与母材的良好熔合，且不咬边。填充层的最后一层不能高出管子外壁表面，要留出坡口边缘，以便于表面层的焊接。

4. 表面层的焊接

为了使表面焊缝中间稍凸起一些并与母材圆滑过渡，运条可采用月牙形且焊条摆动稍慢而平稳，运条至两侧要稍作停顿，防止咬边。要严格控制弧长，尽量保持焊缝宽窄一致、波纹均匀。

5. 操作步骤

1）熟悉图样，清理坡口表面，修锉钝边。

2）装配定位焊并将管子水平固定在距地面 800～900mm 处。

3）从管子仰位起焊焊接前半部，采用灭弧击穿法焊至平位。

4）清理熔渣并修磨仰、平位接头成缓坡。

5）变换焊接位置。焊接后半部时，在仰位缓坡处起焊，用焊接前半部的方法焊接后半部。

6）清理熔渣，铲平接头。

7）其余各层均用小月牙形或锯齿形运条法焊接，应保证焊道间及坡口边缘充分熔合。

8）清理熔渣及飞溅物，检查焊接质量。

二、实训评价

项目	分值	扣分标准
焊缝表面的咬边/mm	10	深度≤0.5，超差一处扣 5 分
焊缝余高 h/mm	5	$0 \leqslant h \leqslant 3$，超差不得分
焊缝宽度 c/mm	5	c=坡口宽度+3，超差不得分
未焊透	5	深度≤0.15t（t 为壁厚），超差不得分
管子的错边量/mm	5	错边量≤0.5，超差不得分
未熔合	5	出现不得分
气孔	10	出现一处扣 5 分
夹渣	5	出现不得分
焊瘤	10	出现一处扣 5 分
背面凹坑/mm	10	背面凹坑≤1，超差一处扣 5 分
通球试验	10	通球直径为管内径的 85%，球通不过不得分
焊缝表面成形	20	波纹均匀，成形美观，根据成形情况酌情扣分

活动 2　垂直固定管焊

完成图 3-73 所示的垂直固定管焊训练。

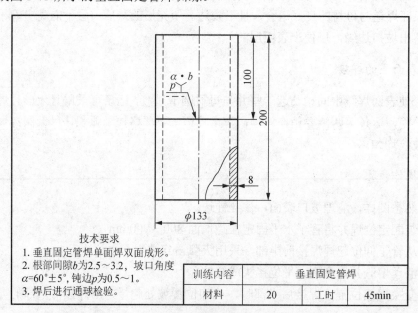

技术要求
1. 垂直固定管焊单面焊双面成形。
2. 根部间隙 b 为 2.5～3.2，坡口角度 α=60°±5°，钝边 p 为 0.5～1。
3. 焊后进行通球检验。

训练内容	垂直固定管焊		
材料	20	工时	45min

图 3-73　垂直固定管焊训练工件

一、实训要点

垂直固定管焊接的焊接位置为横焊，其不同于板对接横焊的是焊工在焊接过程中要不断按管子曲率移动身体，并调整焊条位置。

1．装配定位焊

在保证管子轴线中心对正的前提下，按圆周方向均布定位焊缝。大管可定位 2～3 处，中小管可定位 1～2 处，每处定位焊缝长为 10～15mm，根部间隙为 2～4mm。

2．打底层焊接

为保证坡口根部焊透，应采用单面焊双面成形的技术焊接。焊条角度见图 3-74。

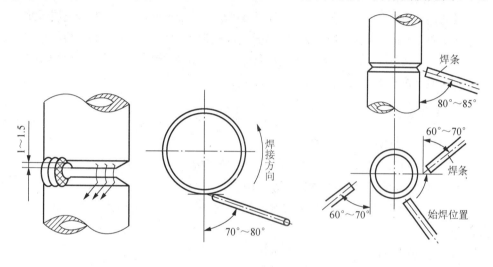

图 3-74　焊条角度

为控制熔池温度和斜椭圆形外形，要采用短弧灭弧法击穿焊接。

先选定始焊处，在坡口内引弧，拉长电弧烘烤并熔化钝边后，把电弧带至间隙处向内一压，待发出击穿声并形成熔池后，马上灭弧（向后下方做划挑动作），使熔池降温。待熔池的颜色由亮变暗时，在熔池的前沿重新引燃电弧，压低电弧由上坡口焊至下坡口，待坡口两侧熔合，并形成熔孔后，用同一动作灭弧。如此反复均匀地向前焊接。

焊接时，熔池的前沿应存在熔孔，使上坡口钝边熔化 1～1.5mm，下坡口钝边熔化略小。要把握住 3 个要领：看熔池、听声音、落弧准，即观看熔池温度适宜，熔渣与熔池分明，熔池形状一致，熔孔大小均匀；听清电弧击穿坡口根部的声音；落弧的位置要在熔池的前沿并始终保持准确。

焊至封闭接头时，先将焊缝端部打磨成缓坡形，之后再进行焊接。焊至缓坡前沿 3～5mm 处，电弧向内压，稍作停顿，然后焊过缓坡填满弧坑后熄弧。

3．填充层焊接

采用多层焊，用斜锯齿形运条法焊接填充层时，其难度较大，一般很少采用。所以采用多层多道焊，用直线形运条法焊接填充层，填充层的焊接电流比打底层的电流略大一些，焊道间要充分熔合，尤其是与下坡口的焊道要避免熔渣与熔池混淆而造成夹渣、未熔合的缺陷。焊接速度要均匀，焊条角度要随焊道部位的改变而改变，下部倾角要大，上部倾角要小。填充层焊至最后一层时，不要把坡口边缘盖住（要留出少许），中间部位稍凸起，为得到凸形的表面层焊道做准备。

4. 表面层焊接

运条要均匀，采用短弧焊焊接下面的焊道时，电弧应对准下坡口边缘，稍作前后往复直线摆动运条法，使熔池下沿熔合坡口下棱边（≤1.5mm），并覆盖填充层焊道。下焊道焊速要快，中间焊道焊速要慢，使表面层成凸形。焊道间可不清渣，待结束时一起清除。焊最后一条焊道时，要适当增大焊接速度或减小焊接电流，焊条倾角要小，以防咬边，确保整个焊缝外表宽窄一致、均匀平整。

5. 操作步骤

1）熟悉图样，清理坡口表面并修锉钝边。
2）装配定位焊，装配间隙为2～3mm，将管子固定在工作平台上。
3）由定位焊缝的对称面选定起焊处，用灭弧击穿法进行打底层焊接。
4）清理熔渣后，采用多层多道焊焊接填充层和表面层。采用直线形运条法，焊道间重叠 1/2～2/3。
5）清理熔渣及飞溅物，检查焊接质量。

二、实训评价

项目	分值	扣分标准
焊缝表面咬边/mm	10	深度≤0.5，长度≤15，超差一处扣 5 分
焊缝余高 h/mm	5	$0≤h≤3$，超差不得分
焊缝宽度 c/mm	5	c=坡口宽度+3，超差不得分
未焊透	5	深度≤0.15t（t 为壁厚），超差一处扣 5 分
管子错边量	5	错边量≤0.1t（t 为壁厚），超差不得分
未熔合	5	出现一处扣 5 分
气孔	5	出现不得分
夹渣	10	出现一处扣 5 分
焊溜	10	出现一处扣 5 分
背面凹坑/mm	10	背面凹坑≤1，超差一处扣 5 分
通球试验	10	通球直径为管内径的 85%，球通不过不得分
焊缝表面波纹均匀，成形美观	20	根据成形情况酌情扣分

？ 想一想

1. 常用的检验焊接质量的方法有哪些？
2. 水平固定管和垂直固定管焊接时最容易出现哪些缺陷，应如何防止？
3. 水平固定管和垂直固定管接口有哪些要求？接口不好对焊接质量有什么影响？

单元四　管板对接焊

学习目标

1）掌握金属材料的基础知识。
2）掌握骑座式管板水平全位置焊的焊条角度变化。
3）掌握骑座式管板水平全位置焊的焊接操作方法。

学一学

金属材料的性能通常包括物理性能、化学性能、力学性能和工艺性能等。

1. 金属材料的物理性能和化学性能

（1）密度

物质单位体积所具有的质量称为密度，用符号 ρ 表示。利用密度的概念可以帮助我们解决一系列的实际问题，如计算毛坯的质量、鉴别金属材料等。

（2）导电性

金属传导电流的能力称为导电性。各种金属的导电性各不相同，通常银的导电性最好，其次是铜和铝。

（3）导热性

金属传导热量的性能称为导热性。一般来说，导电性好的材料，其导热性也好。若某些零件在使用中需要大量吸热或散热时，则要用导热性好的材料。例如，凝汽器中的冷却水管常用导热性好的铜合金制造，以提高冷却效果。

（4）热膨胀性

金属受热时体积发生胀大的现象称为金属的热膨胀性。例如，被焊的工件由于受热不均匀而产生不均匀的热膨胀，就会导致焊件的变形和焊接应力。衡量热膨胀性的指标称为热膨胀系数。

（5）抗氧化性

金属材料在高温时抵抗氧化性气氛腐蚀作用的能力称为抗氧化性。热力设备中的高温部件，如锅炉的过热器、水冷壁管和汽轮机的汽缸、叶片等，都易产生氧化腐蚀。一般用作过热器管等材料的抗氧化腐蚀速度指标控制在不大于 0.1mm/a（腐蚀深度指标）。

（6）耐腐蚀性

金属材料抵抗各种介质（大气、酸、碱、盐等）侵蚀的能力称为耐腐蚀性。化工、热力设备中许多部件是在腐蚀条件下长期工作的，所以选材时必须考虑钢材的耐腐蚀性。

2. 金属材料的力学性能

金属材料受外部负荷时，从开始受力直至材料破坏的全部过程中所呈现的力学特征，称为力学性能。它是衡量金属材料使用性能的重要指标，主要包括强度、塑性、冲击韧性和硬度等。

（1）强度

金属材料的强度性能表示金属材料对变形和断裂的抗力，它用单位截面上所受的力（称为应力）来表示。强度的单位是 MPa（兆帕）。常用的强度指标有屈服强度及抗拉强度等。

1）屈服强度。钢材在拉伸过程中，当拉应力达到某一数值而不再增加时，其变形却继续增加，这个拉应力值称为屈服强度，用 σ_s 表示。σ_s 值越高，材料的强度越高。

2）抗拉强度。抗拉强度是指金属材料在破坏前所承受的最大拉应力，用 σ_b 表示。σ_b 值越大，金属材料抵抗断裂的能力越大，强度越高。

（2）塑性

塑性是指金属材料在外力作用下产生塑性变形的能力。表示金属材料塑性性能的有伸长率、断面收缩率及冷弯角等。

1）伸长率。金属材料受拉力作用破断时，伸长量与原长度的百分比称为伸长率，用 δ 表示。

$$\delta = \frac{L_1 - L_0}{L_0} \times 100\%$$

式中，L_0 为试样的原标定长度，单位是 mm；L_1 为试样拉断后标距部分的长度，单位是 mm。

2）断面收缩率。金属材料受拉力作用破断时，拉断处横截面缩小的面积与原始横截面面积的百分比称为断面收缩率，用 φ 表示。

$$\varphi = \frac{S_0 - S}{S_0} \times 100\%$$

式中，S 为试样拉断后，拉断处的横截面面积，单位是 mm^2；S_0 为试样标距部分原始的横截面面积，单位是 mm^2。

3）冷弯角。用长条形试件根据不同的材质、板厚，按规定的弯曲半径进行弯曲，在受拉面出现裂纹时试件与原始平面的夹角，称为冷弯角，用 α 表示。冷弯角越大，说明金属材料的塑性越好。

（3）冲击韧性

冲击韧性是衡量金属材料抵抗动载荷或冲击力的能力，冲击试验可以测定材料在突加载荷时对缺口的敏感性。冲击值是冲击韧性的一个指标，用 a_k 表示。a_k 值越大说明该材料的韧性越好。

$$a_k = \frac{A_k}{S}$$

式中，A_k 为冲击吸收功，单位是 J；S 为试验前试样刻槽处的横截面面积，单位是 cm^2；a_k 为冲击值，单位是 J/cm^2。

（4）硬度

硬度是指金属材料抵抗表面变形的能力。常用的硬度有布氏硬度（HB）、洛氏硬度（HR）、维氏硬度（VHN）3 种。

3. 金属材料的工艺性能

金属材料的工艺性能是指承受各种冷热加工的能力。

（1）切削性能

金属的切削性能是指金属材料是否易于切削的性能。

（2）铸造性能

金属的铸造性能主要是指金属在液态时的流动性及液态金属在凝固过程中的收缩和偏析程度。金属的铸造性能是保证铸件质量的重要性能。

（3）焊接性能

金属的焊接性能是指材料在限定的施工条件下，焊接成按规定设计要求的构件，并满足预定服役要求的能力。

焊接性的评定方法有很多，其中广泛使用的方法是碳当量法。这种方法是基于合金元素对钢的焊接性不同程度的影响，而把钢中合金元素（包括碳）的含量按其作用换算成碳的相当含量，可作为评定钢材焊接性的一种参考指标。碳当量法用于对碳钢和低合金钢淬硬及冷裂倾向的估算。

常用碳当量的计算公式如下。

$$碳当量\ C_E = \omega_C + \frac{\omega_{Mn}}{6} + \frac{\omega_{Cr} + \omega_{Mo} + \omega_V}{5} + \frac{\omega_{Ni} + \omega_{Cu}}{15}$$

式中，元素符号表示它们在钢中所占的百分含量，若含量为一范围时，取上限。

经验证明：当 $C_E < 0.4\%$ 时，钢材的淬硬倾向不明显，焊接性优良，焊接时不必预热；当 C_E 为 $0.4\% \sim 0.6\%$ 时，钢材的淬硬倾向逐渐明显，需采取适当预热和控制线能量等工艺措施；当 $C_E > 0.6\%$ 时，钢材的淬硬倾向强，属于较难焊的材料，需采取较高的预热温度和严格的工艺措施。

4. 钢材和有色金属的分类、编号及性能

随着生产和科学技术的发展，各种不同焊接结构的金属材料越来越多。为了保证焊接结构安全可靠，焊工必须掌握常用金属材料的基本性能和焊接特性。

（1）钢材的分类

钢和铁是黑色金属的两大类，都是以铁和碳为主要元素的合金。含碳量在2.11%以下的铁碳合金称为钢，含碳量为2.11%～6.67%的铁碳合金称为铸铁。

钢中除了铁、碳外还含有少量其他元素，如锰、硅、硫、磷等。锰、硅是炼钢时作为脱氧剂而加入的，称为常存元素；硫、磷是由炼钢原料带入的，称为杂质元素。

1）按化学成分分类。

① 碳素钢，这种钢中除铁以外，主要还含有碳、硅、锰、硫、磷等几种元素，这些元素的总量一般不超过2%。

按含碳量多少，碳素钢又可分为低碳钢，含碳量小于0.25%；中碳钢，含碳量为0.25%～0.60%；高碳钢，含碳量大于0.60%。

② 合金钢，这种钢中除碳素钢所含有的各元素外，还有其他一些元素，如铬、镍、钛、钼、钨、钒、硼等。如果碳素钢中锰的含量超过0.8%，或者硅的含量超过0.5%时，这种钢也称为合金钢。

根据合金元素的多少，合金钢又可分为普通低合金钢（普低钢），合金元素总含量小于5%；中合金钢，合金元素总含量为5%～10%；高合金钢，合金元素总含量大于10%。

此外，合金钢还经常按显微组织进行分类，如根据正火组织的状态分为珠光体钢、贝氏体钢、马氏体钢和奥氏体钢。有些含合金元素较多的高合金钢，在固态下只有铁素体组织，不发生铁素体向奥氏体转变，称为铁素体钢。

2）按用途分类，可分为以下几种。

① 结构钢。

② 工具钢。

③ 特殊用途钢。例如，不锈钢、耐酸钢、耐热钢、磁钢等。

3）按品质分类，可分为以下几种。

① 普通钢，含硫量为0.045%～0.050%，含磷量不超过0.045%。

② 优质钢，含硫量为0.030%～0.035%，含磷量不超过0.035%。

③ 高级优质钢，含硫量为0.020%～0.030%，含磷量为0.025%～0.030%。

根据需要，钢材的几种分类方法可以混合使用。按照使用性能和用途综合分类，见图3-75。

（2）钢材的编号

我国的钢材编号方法采用国际化学符号和汉语拼音字母并用的原则，即钢号中的化学元素采用国际化学元素符号表示，如Si、Mn、Cr、W、Mo等，其中只有稀土元素由于含量不多但种类不少，不易全部一一标注出来，因此用"Re"表示其总含量。钢材的名称、用途、冶炼和浇注方法等，则用汉语拼音字母表示。例如，沸腾钢用"F"（沸）表示，锅炉钢用"g"（锅）表示，容器用钢用"R"（容）表示，焊接用钢用"H"（焊）表示，高级优质钢用"A"表示，特级优质碳素钢用"E"表示等。

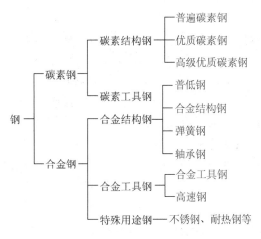

图 3-75　钢材的分类

1）碳素钢的编号。

① 碳素结构钢。一般结构钢和工程用热轧钢板、型钢均属此类。按照 GB/T 700—2006《碳素结构钢》的规定，钢的牌号由代表屈服强度的字母、屈服强度值、质量等级符号、脱氧方法符号这 4 部分按顺序组成，如 Q235-A.F、Q235-B 等。其中，Q235-A.F 的含义如下。

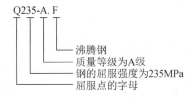

② 优质碳素结构钢。其钢号用两位数字表示，这两位数字表示平均含碳量的万分之几，如 45 钢表示平均含碳量为 0.45%，08 钢表示平均含碳量为 0.08%。优质碳素结构钢在供应时既保证了化学成分又保证了机械性能，而且钢中含有的有害元素及非金属夹杂物比普通碳素钢少。

含锰量较高的钢，需将锰元素标出，如平均含碳量为 0.50%、含锰量为 0.7%～1.0% 的钢，其钢号为"50锰"或"50Mn"。

沸腾钢、半镇静钢及专门用途的优质碳素结构钢，应在钢号后特别标明，如"20g"表示平均含碳量为 0.20% 的锅炉用钢，"20R"表示平均含碳量为 0.20% 的压力容器用钢。

2）合金结构钢的编号。合金结构钢的钢号由 3 部分组成：数字、化学元素符号和数字。前面的两位数字表示平均含碳量的万分之几，合金元素用汉字或化学元素符号表示，合金元素后面的数字，表示合金元素的百分含量。当元素的平均含量<1.5%时，则钢号中只标出元素符号而不标注含量；当合金元素的平均含量≥1.5%、≥2.5%、≥3.5%……时，则在元素后面相应地标出2、3、4、……如"16Mn"钢，从钢号可知其平均含碳量为0.16%，平均含锰量为<1.5%。

钢中的一些特殊合金元素如V、Al、Ti、B、Re等，虽然它们的含量很低，但由于在钢中起到很重要的作用，所以也标注在钢号中。例如，"20MnVB"钢的大致成分为含碳量为0.20%，含锰量为<1.5%，同时含有少量的钒和硼。

3）不锈钢与耐热钢的编号。化学元素符号前面的数字表示平均含碳量的千分之几，如"9Cr17"表示平均含碳量为0.9%；"1Cr18Ni9"表示平均含碳量为0.1%，平均含铬量为18%左右，平均含镍量为9%左右。

当含碳量小于0.03%时，在钢号前标以"00"，如"00Cr19Ni10"钢；当含碳小于0.08%时，则在钢号前标以"0"，如"0Cr19Ni9"钢等。

（3）钢材的性能及焊接特点

1）低碳钢的焊接特点。低碳钢由于含碳量低，强度、硬度不高，塑性好，所以应用非常广泛。焊接常用的低碳钢有Q235、20钢、20g和20R等。

由于低碳钢含碳量低，所以焊接性好。其具有以下焊接特点。

① 淬火倾向小，焊缝和近缝区不易产生冷裂纹。可制造各类大型构架及受压容器。

② 焊前一般不需要预热，但对大厚度结构或在寒冷地区焊接时，需要将焊件预热至100～150℃范围内。

③ 镇静钢杂质很少，偏析很小，不易形成低熔点共晶，所以对热裂纹不敏感。沸腾钢中硫、磷等杂质较多，产生热裂纹的可能性要大些。

④ 如果工艺选择不当，可能出现热影响区晶粒长大现象，而且温度越高，热影响区在高温停留时间越长，则晶粒长大越严重。

⑤ 对焊接电源没有特殊要求，可采用交、直流弧焊机进行全位置焊接，工艺简单。

2）中碳钢的焊接特点。中碳钢含碳量比低碳钢高，强度较高，焊接性较差。常用的有35钢、45钢、55钢。中碳钢焊条电弧焊及其铸件焊补的主要特点如下。

① 热影响区容易产生淬硬组织。含碳量越高，板厚越大，这种倾向也越大。如果焊接材料和工艺规范选用不当，容易产生冷裂纹。

② 由于基本金属含碳量较高，所以焊缝的含碳量也较高，容易产生热裂纹。

③ 由于含碳量的增高，所以对气孔的敏感性增加。因此对焊接材料的脱氧性、基本金属的除油除锈和焊接材料的烘干等，要求更加严格。

3）高碳钢的焊接特点。高碳钢由于含碳量高，焊接性能很差。其焊接特点如下。

① 导热性差，焊接区和未加热部分之间产生显著的温差，当熔池急剧冷却时，在焊缝中引起的内应力很容易形成裂纹。

② 对淬火更加敏感，近缝区极易形成马氏体组织。由于组织应力的作用，使近缝区产生冷裂纹。

③ 由于焊接高温的影响，晶粒长大快，碳化物容易在晶界上积聚、长大，使焊缝脆弱，焊接接头强度降低。

④ 高碳钢焊接时比中碳钢更容易产生热裂纹。

4）普通低合金钢的焊接特点。普通低合金钢与碳素钢相比，钢中含有少量合金元素，如锰、硅、钒、钼、钛、铝、铌、铜、硼、磷、稀土等。钢中有了一种或几种这样的元素后，使它具有强度高、韧性好等优点，由于加入的合金元素不多，故称为低合金高强度钢。常用的普通低合金高强度钢有 16Mn、16MnR、15MnVN 等。其焊接特点如下。

① 热影响区的淬硬倾向。热影响区的淬硬倾向是普低钢焊接的重要特点之一。随着强度等级的提高，热影响区的淬硬倾向也随之变大。为了减缓热影响区的淬硬倾向，必须采取合理的焊接工艺规范。影响热影响区淬硬程度的因素有材料及结构形式，如钢材的种类、板厚、接头形式及焊缝尺寸等；工艺因素，如工艺方法、焊接规范、焊口附近的起焊温度（气温或预热温度）。

焊接施工应通过选择合适的工艺因素，如增大焊接电流、减小焊接速度等措施来避免热影响区的淬硬。

② 焊接接头的裂纹。焊接裂纹是危害性最大的焊接缺陷，冷裂纹、再热裂纹、热裂纹、层状撕裂和应力腐蚀裂纹是焊接中常见的几种形态。

（4）铸铁的分类及焊补特点

工业中常用的铸铁含碳量为 2.5%～4.0%，其还含有少量的锰、硅、硫、磷等元素。按碳存在的状态及形式的不同，可分为白口铸铁、灰铸铁、可锻铸铁及球墨铸铁等。

铸铁在铸造过程中经常产生气孔、渣孔、夹砂、缩孔、裂缝、浇不足等缺陷，并在使用过程中产生超负荷、机械事故及自然损坏等现象，应根据铸铁的特点，采取相应焊补工艺进行修复。铸铁焊接则很少应用。

铸铁焊补主要是灰铸铁的焊补，其特点如下。

1）产生白口，使焊缝硬度升高，加工困难或加工不平，焊补区呈白亮的一片或一圈（指熔合区）。

2）产生裂缝，包括焊缝开裂、焊件开裂或焊缝与基本金属剥离。

焊补铸铁的方法有手弧焊、气焊、钎焊、CO_2 气体保护焊和手工电渣焊等。

（5）有色金属及合金的分类及焊接特点

有色金属是指除钢铁材料以外的各种金属材料，所以又称非铁材料。有色金属及其合金具有许多独特的性能，如强度高、导电性好、耐蚀性及导热性好等。所以有色金属材料在机电、仪表，特别是在航空、航天及航海工业中具有重要的作用。

1）铝及铝合金的分类。铝及合金可分为纯铝和铝合金，其焊接特点是：①表面容易氧化，生成致密的氧化膜，影响焊接；②容易产生气孔；③容易产生热裂纹。

铝及铝合金焊接主要采用氩弧焊、气焊、电阻焊等，其中氩弧焊（钨极氩弧焊和熔化极氩弧焊）的应用最广泛。

2）铜及铜合金的分类和焊接特点。铜及铜合金可分为纯铜和铜合金，其焊接特点是：①难熔合及易变形；②容易产生热裂纹；③容易产生气孔。

铜及铜合金焊接主要采用气焊、惰性气体保护焊、埋弧焊、钎焊等。

✎ 练一练

完成图 3-76 所示的管板对接焊操作。

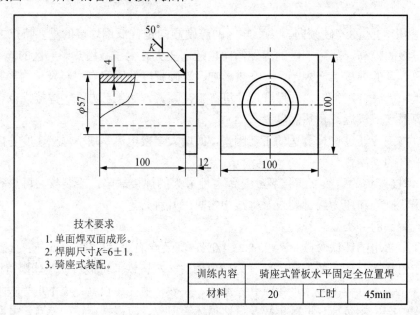

技术要求
1. 单面焊双面成形。
2. 焊脚尺寸 $K=6\pm1$。
3. 骑座式装配。

训练内容	骑座式管板水平固定全位置焊		
材料	20	工时	45min

图 3-76　管板对接焊操作训练工件

一、实训要点

固定管板焊接根据接头形式不同，可分为插入式和骑座式两类，根据空间位置不同，每类又可以分为垂直固定俯位、垂直固定仰位和水平固定 3 种位置。

插入式管板焊接只需要一定的熔深，焊缝表面的焊脚对称即可，较容易焊接。而骑座式管板焊接除了打底层焊需要保证焊缝背面成形以外，其余基本上与插入式焊接方法相同。

（一）操作要点

操作要点：灵活运用手臂和手腕动作，适应固定管板焊接时的焊条角度变化；固定管板的打底层焊接；固定管板表面层及填充层的运条方法；水平固定管板仰位、平位的接头方法。

1. 垂直固定管板俯位焊接

（1）装配定位焊

装配时应保证管子内壁与板孔同心，不错边。定位焊可采用两点固定，焊缝长度不超过 10mm，根部间隙为 3～3.5mm。

（2）打底层的焊接

打底层焊接的方式见图 3-77。

选定始焊位置时，应该在保持正确焊条角度的前提下，尽量向左转动手臂和手腕。首先在左侧的定位焊缝上引弧，长弧稍加预热后，将电弧移到定位焊缝前沿，向里送焊条，待熔池形成后，稍向后压短电弧，开始做小幅度的斜锯齿形运条法，进行正常焊接。

焊接时，电弧的 2/3 要在熔池上保持短弧，摆动时在孔板上的停顿时间稍长于管子一侧。焊接速度要适宜，保持熔池大小基本一致。随着焊接的进行，要不断地转动手臂和手腕，以保持正确的焊条角度，并防止熔渣超前而产生夹渣和未熔合的缺陷。

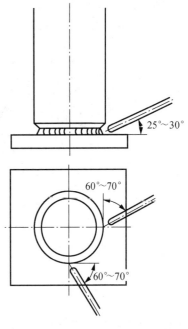

图 3-77　打底层焊接的方式

焊至封闭焊缝接头前，先将接头焊缝打磨成缓坡再焊。当焊至缓坡前沿时，焊条伸向弧坑内向内压一下后稍作停顿，然后焊过缓坡，填满弧坑后熄弧。

（3）填充层的焊接

焊接时应保证坡口两侧良好熔合，并填满坡口，但不能凸出过高，以免影响表面层的焊接。焊条与板面的夹角为 45°～50°，前进方向焊条与管子切线的夹角为 80°～85°。运条时要注意上下两侧的熔化状态，不要损伤管子坡口边缘，并且保持熔渣对熔池的覆盖保护，不超前或拖后，才能获得良好成形。

（4）表面层的焊接

焊接时必须保证焊脚尺寸，采取两道焊，第一条焊道紧靠板面与填充层焊道的夹角处，保证焊道外边缘整齐，焊道平整。第二条焊道应重叠于第一条焊道长度 1/2～2/3，避免焊道间形成凹槽或凸起，并防止管壁咬边。

2. 水平固定管焊接

（1）装配定位焊

装配时，根部间隙在管板间的平位留 3.2mm、仰位留 2.5mm 间隙，应保证管子内径与板孔同心。定位焊缝采用两点定位，选择在接口的斜立位。定位焊后将焊件固定在距地面 850mm 左右的高度待焊。

（2）打底层的焊接

焊接时，为叙述方便，用时钟表示焊接位置，见图 3-78。

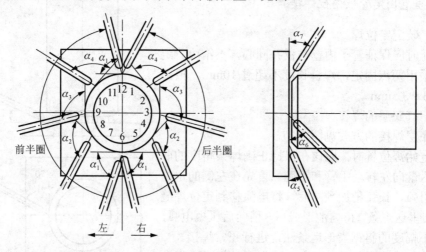

图 3-78　焊接位置

焊接时分左右两半焊接，如果固定管板所在工作现场有一侧操作不太方便，则应作为前半部先焊接，这样做是为后半部的接头质量创造便利条件。

前半部的焊接（取右侧）：引弧从 7 点处，长弧预热（熔滴下落 1～2 滴）后，在过管板垂直中心 5～10mm 位置向上顶送焊条，待坡口根部熔化形成熔孔后，稍拉出焊条，用短弧做小幅度锯齿形运条法，并沿逆时针方向焊接，直至焊道超过 12 点 5～10mm 处熄弧。

由于管子与板孔的厚度不同，所需热量也不一样，所以运条时，焊条在孔板一侧的停留时间应长些，以控制熔池温度并调整熔池形状。另外在管板件的 6 点至 4 点及 2 点至 12 点处，要保持熔池液面趋于水平，不使熔池金属下淌，其运条方法见图 3-79。

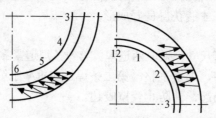

图 3-79　运条方法

仰焊位置焊接时应该向上顶送深一些，横向摆动小一些，向前运条的间距要均匀，不宜过大，以避免背面焊缝出现内凹。立位比仰位向坡口根部下送要浅，这样可以使背面焊缝成形凸起均匀，以防局部过高及出现焊瘤。

焊接过程中经过定位焊缝时，要把电弧稍向里压送，以较快的焊接速度焊过定位焊缝，然后正常焊接。

后半部的焊接（左侧）：后半部的操作要领与前半部相同。

（3）填充层的焊接

填充层的焊接顺序、焊条角度、运条方法与打底层焊接相似，但斜锯齿形运条法和锯齿形运条法的摆动幅度要比打底层的稍宽。

（4）表面层的焊接

表面层的焊接与填充层焊接的操作方法相似，运条过程中既要考虑焊接尺寸与对称性，又要使焊缝波纹均匀无表面缺陷。

（二）操作过程

1）熟悉图样，清理坡口表面，修锉钝边。

2）根部间隙为 2.5～3.2mm，在 2 点和 10 点处定位焊，然后水平固定在距地面 800～900mm 处。

3）从管子仰位起焊焊接前半部，采用灭弧击穿法焊至平位。

4）清理熔渣并修磨仰、平位接头成缓坡。

5）变换焊接位置，焊接后半部，在仰位缓坡处起焊，用焊接前半部的方法焊接后半部。

6）其余各层均用小月牙形或锯齿形运条法焊接，应保证焊道间及坡口边缘充分熔合。

7）清理熔渣及飞溅物，检查焊接质量。

（三）注意事项

1）水平固定管板打底层焊接时，仰位极易出现熔渣与熔化金属混淆不清，而造成夹渣和未焊透，使第一个熔池不易建立。因此，焊接时焊接电流不要过小，且宜用点焊法。

2）进行垂直固定管板的表面层焊接时，多道焊的上、下两条焊道应直而细，才能保证焊缝成形宽窄一致，并与母材圆滑过渡。

二、实训评价

项目	分值	扣分标准
焊缝余高 h/mm	12	允许余高为 0.5～2mm，每超差一侧扣 6 分
接头成形	10	良好，凡脱节或超高，每处扣 5 分
焊缝成形	8	要求细、匀、整齐、光滑，否则每项扣 4 分
焊缝整齐	8	要求整齐，否则每处扣 4 分
焊缝烧穿	8	无，若有每处扣 3 分

续表

项目	分值	扣分标准
夹渣	7	点渣<2mm，每处扣4分。条块渣>2mm，每处扣7分
咬边/mm	8	深<0.5，每长10，扣4分。深>0.5，每长10，扣8分
弧坑	8	饱满、无焊缝缺陷，达不到要求每处扣8分
焊件变形	4	允许1°，否则每度扣2分
引弧痕迹	4	无，若有每处扣2分
焊瘤	6	无，若有每处扣3分
起头	4	饱满、熔合好、无缺陷，否则每处扣4分
运条方法	4	选择不当而导致焊缝成形不良的扣4分
试件清洁	4	清洁，否则每处扣2分
安全文明生产	5	服从劳动管理，穿戴好劳动保护用品，否则扣5分

 想一想

1. 金属有哪些性能？

2. 钢材如何分类？如何编号？

3. 简述固定管板焊接时的焊缝连接，应如何变化焊条角度？在固定管板焊接中有哪几种运条方法？各适用于什么情况？

模块四
CO₂气体保护焊

单元一 平敷焊

学习目标

1）了解 CO_2 气体保护焊的基本原理及分类。
2）熟悉 CO_2 气体保护焊的焊接设备及工具。
3）熟悉 CO_2 气体保护半自动焊机的使用方法。
4）掌握 CO_2 气体保护焊的操作技术。

学一学

一、气体保护焊概述

1. 气体保护焊的原理

气体保护焊直接依靠从喷嘴中连续送出的气流，在电弧周围形成局部的气体保护层，使电极端部、熔滴和熔池金属处于保护气罩内，使其与空气隔绝，从而保证焊接过程稳定，并获得质量优良的焊缝。

2. 保护气体的种类和选择

保护气体有惰性气体、还原性气体、氧化性气体和混合气体数种。

惰性气体：有氩气和氦气，其中以氩气使用最为普遍。氦气常与氩气混合使用，单独使用较少。

还原性气体：有氮气和氢气。氮气可专用于铜及铜合金的焊接。氢气主要用于氢原子焊。另外，氮气、氢气也常和其他气体混合使用。

氧化性气体：有二氧化碳。目前，二氧化碳气体主要应用于碳素钢及低合金钢的焊接。

混合气体：是在一种保护气体中加入一定比例的另外一种气体，可以提高电弧稳定性和改善焊接效果。现在采用混合气体保护的方法也很普遍。

常用保护气体的选择见表4-1。

表4-1 保护气体的选择方式

被焊材料	保护气体	混合比/%	化学性质	焊接方式
铝及铝合金	Ar	—	惰性	熔化极和钨极
	Ar+He	He＝10		
铜及铜合金	Ar	—	惰性	熔化极和钨极
	Ar+N₂	N₂＝20	还原性	熔化极
	N₂	—		
不锈钢	Ar	—	惰性	极
	Ar+O₂	O₂为1～2	氧化性	熔化极
	Ar+O₂+CO₂	O₂＝2；CO₂＝5		
碳钢及低合金钢	CO₂	—	氧化性	熔化极
	Ar+CO₂	CO₂为10～15		
	CO₂+O₂	O₂为10～15		
钛及钛合金	Ar	—	惰性	熔化极和钨极
	Ar+He	He＝25		
镍及镍合金	Ar	—	惰性	熔化极和钨极
	Ar+He	He＝15		
	Ar+N₂	N₂＝6	还原性	钨极

3. 气体保护焊的分类

1）根据所用的电极材料分类，气体保护焊可分为非熔化极气体保护焊和熔化极气体保护焊两种，见图4-1。

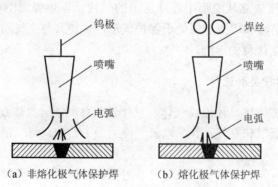

（a）非熔化极气体保护焊　　（b）熔化极气体保护焊

图4-1 气体保护焊的分类

2）根据焊接保护气体的种类分类，气体保护焊可分为 CO_2 气体保护焊、氩弧焊、氦弧焊及混合气体保护焊。

3）根据操作方式分类，气体保护焊可分为手工气体保护焊、半自动气体保护焊和自动气体保护焊。

二、CO_2 气体保护焊的基本原理及分类

1. CO_2 气体保护焊的基本原理

CO_2 气体保护焊的焊接过程见图4-2。

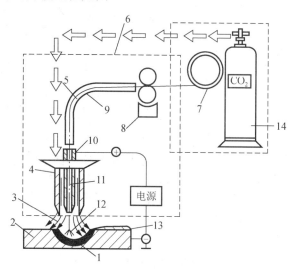

图4-2　CO_2 气体保护焊的焊接过程

1. 熔池；2. 焊件；3. CO_2 气体；4. 喷嘴；5. 焊丝；6. 焊接设备；7. 焊丝盘；
8. 送丝机构；9. 软管；10. 焊炬；11. 导电嘴；12. 电弧；13. 焊缝；14. CO_2 气瓶

焊接电源的两输出端分别接在焊炬10和焊件2上。焊丝盘7由送丝机构8带动，盘状焊丝经送丝软管9与导电嘴11不断向电弧区域运送焊丝。同时，CO_2 气体以一定的压力和流量送入焊炬，通过喷嘴4后，形成一股保护气流，使熔池和电弧与空气隔绝。

2. CO_2 气体保护焊的分类

CO_2 气体保护焊按所用焊丝直径分为细丝（0.5～1.2 mm）和粗丝（1.6～5.0 mm），按操作方式分为 CO_2 半自动焊和 CO_2 自动焊。

3. CO_2 气体保护焊的特点

由于 CO_2 气体保护焊采用具有氧化性的 CO_2 活性气体作为保护气体，因此 CO_2 气

体保护焊在冶金反应方面与一般气体保护电弧焊有所不同。

CO_2 气体保护焊时，CO_2 气体从焊炬的喷嘴喷出，在焊接区域形成一个严实的保护气罩，见图4-3。

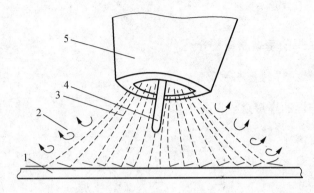

图 4-3　保护气罩

1. 焊件；2. 被排开的空气；3. 形成气罩的气流；4. 焊丝；5. 焊炬喷嘴

（1）生产效率高

CO_2 气体保护焊的焊接电流密度大，焊丝的熔敷速度高，母材的熔深较大，对于厚度为 10mm 以下的钢板不开坡口可一次性焊透，产生的熔渣极少，层间或焊后不必清渣；焊接过程不必像手工电弧焊那样停弧换焊条，节省了清渣时间和一些填充金属（不必丢掉焊条头），生产效率是手工电弧焊的 2.5～4 倍。

（2）抗锈能力强

由于 CO_2 气体在焊接过程中分解，氧化性较强，对焊件上的铁锈敏感性小，故对焊前清理的要求不高。

（3）焊接变形小

由于电弧热量集中，CO_2 气体有冷却作用，受热面积小，所以焊后焊件变形小，特别是薄板的焊接更为突出。

（4）冷裂倾向小

CO_2 气体保护焊焊缝的扩散氢含量少，抗裂性能好，在焊接低合金高强度钢时，出现冷裂倾向小。

（5）采用明弧焊

熔池可见性好，观察和控制焊接过程较为方便。

（6）适用范围广

CO_2 气体保护焊可进行各种位置的焊接，不仅适用于焊接薄板，还适用于中、厚板的焊接，也可用于磨损零件的修补堆焊。

（7）缺点

使用大电流焊接时，飞溅较多；很难用交流电源焊接或在有风的地方施焊；不能焊接易氧化的有色金属材料。

4. CO₂气体保护焊的熔滴过渡

CO_2气体保护焊是熔化极电弧焊，熔滴过渡的形式与选择的焊接工艺参数和相关工艺因素有关。应根据焊接构件的实际情况，确定粗、细焊丝CO_2气体保护焊的焊接方式，选择合适的焊接工艺参数，以获得所希望的熔滴过渡形式，从而保证焊接过程的稳定性，减少飞溅。

CO_2气体保护焊熔滴过渡形式主要有短路过渡、颗粒状过渡和潜弧射滴过渡 3 种形式。

（1）短路过渡

CO_2气体保护焊在采用细焊丝、小电流和低电弧电压焊接时，熔滴呈短路过渡。在生产中，短路过渡多用于薄板及全位置焊缝的焊接。

（2）颗粒状过渡

CO_2气体保护焊在采用粗焊丝、大电流和高电弧电压焊接时，熔滴呈颗粒状过渡。颗粒状过渡在实际生产中不宜采用，见图4-4。

图 4-4　非轴线方向的颗粒状过渡

（3）潜弧射滴过渡

潜弧射滴过渡是介于上述两种过渡形式之间的过渡形式，此时的焊接电流和电弧电压比短路过渡大，比颗粒状过渡小。在生产中，潜弧射滴过渡有时应用于厚板的水平位置焊接，见图4-5。

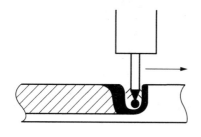

图 4-5　潜弧射滴过渡

三、CO₂气体保护焊设备

CO_2气体保护焊设备包括半自动焊设备和自动焊设备，目前，常用的是半自动焊设备，见图4-6。其主要由焊接电源（焊机）、送丝机构及焊炬、CO_2供气系统、减压调节阀等部分组成。

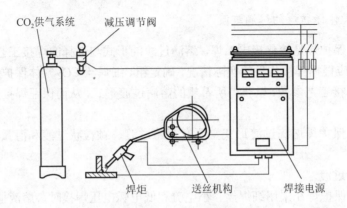

图 4-6　CO_2 气体保护焊设备

1. 焊接电源

CO_2 气体保护焊焊机见图 4-7。

CO_2 气体保护焊使用交流电源焊接时电弧不稳定，飞溅严重，因此，只能使用直流电源。

2. 送丝机构及焊炬

（1）送丝机构

送丝机构（图 4-8）由送丝机、送丝软管、焊丝盘 3 部分组成。

（a）NBC-200 焊机　　　（b）NBC-300 焊机

图 4-7　CO_2 气体保护焊焊机　　　　图 4-8　送丝机构

（2）焊炬

焊炬按送丝方式可分为推丝式、拉丝式和推拉式 3 种，见图 4-9。

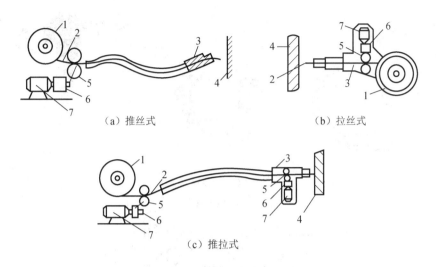

（a）推丝式   （b）拉丝式

（c）推拉式

图 4-9 CO₂半自动焊送丝方式

1. 焊丝盘；2. 焊丝；3. 焊炬；4. 焊件；5. 送丝滚轮；6. 减速器；7. 电动机

3. 焊炬中的易损件

1）喷嘴：喷嘴（保护嘴）实物图见图 4-10。

2）导电嘴：导电嘴实物图见图 4-11。

图 4-10 实物喷嘴

图 4-11 实物导电嘴

3）导丝管：导丝管实物图见图 4-12。

4. CO₂供气系统

CO₂气体保护焊的供气系统由气瓶、预热器、干燥器、减压器、流量计和电磁气阀组成，见图 4-13。供气系统的各部件名称及功能见图 4-14。

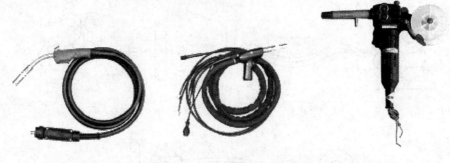

图 4-12 实物导丝管

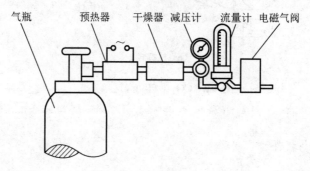

图 4-13 CO_2 供气系统

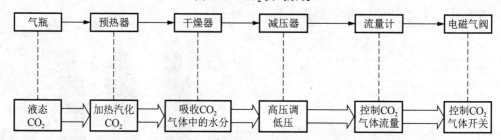

图 4-14 供气系统的各部件名称及功能

5. 控制系统

控制系统的作用是对供气、送丝和供电等系统实现控制。自动焊时，还可控制焊接小车或焊件运转等。CO_2 半自动焊的控制过程见图 4-15。

图 4-15 CO_2 半自动焊的控制过程

四、CO_2 气体保护焊的焊接工艺参数

1. 焊丝直径

焊丝直径通常根据焊件的厚度、施焊位置及工作效率等来选择。焊接薄板或中厚板的立、横、仰位多采用直径 1.6mm 以下的焊丝；中厚板的平焊位置焊接，可以采用直径 1.2mm 以上的焊丝。焊丝直径的选择见表 4-2。

表 4-2　焊丝直径的选择

焊丝直径/mm	熔滴过渡形式	焊件厚度/mm	焊缝位置
0.5～0.8	短路过渡	1.0～2.5	全位置
	颗粒状过渡	2.5～4.0	水平位置
1.0～1.2	短路过渡	2.0～8.0	全位置
	颗粒状过渡	2.0～12	水平位置
1.6	短路过渡	3.0～12	水平、立、横、仰位置
≥1.6	颗粒状过渡	>6	水平位置

2. 焊接电流

焊接电流应根据焊件厚度、焊丝直径、施焊位置及熔滴过渡形式来确定。一般短路过渡的焊接电流在 40～230A 范围内，颗粒状过渡的焊接电流在 250～500A 范围内。焊丝直径与焊接电流的关系见表 4-3。

表 4-3　焊丝直径与焊接电流的关系

焊丝直径/mm	焊接电流/A	
	颗粒状过渡（30～45V）	短路过渡（16～22V）
0.8	150～250	60～160
1.2	200～300	100～175
1.6	350～500	100～180
2.4	500～700	150～200

焊接电流对焊缝形状的影响见图 4-16。

图 4-16　焊接电流对焊缝形状的影响

3. 电弧电压

为保证焊接过程的稳定性和良好的焊缝成形，电弧电压必须与焊接电流配合适当。短路时电弧电压与焊接电流的关系见图4-17。

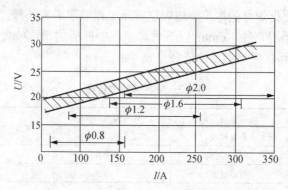

图4-17　短路时电弧电压与焊接电流的关系

4. 焊接速度

在一定的焊丝直径、焊接电流和电弧电压条件下，增大焊接速度，容易产生咬边、未熔合等焊接缺陷，而且会使气体保护效果变差，还会出现气孔；但焊接速度过慢，则生产效率降低，焊接变形增大。一般 CO_2 半自动焊的焊接速度为 30～60 cm/min。

5. 焊丝伸出长度

焊丝伸出长度（也称干伸长）是指从导电嘴到焊丝端部的距离，一般约等于焊丝直径的 10 倍，且不超过 15mm。焊丝伸出长度对焊缝形状的影响见图4-18。

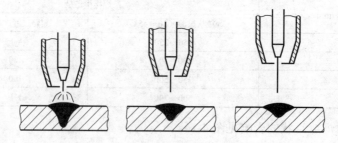

图4-18　焊丝伸出长度对焊缝形状的影响

6. 气体流量

气体流量过小则电弧不稳，焊缝表面易被氧化成深褐色，并有密集气孔；气体流量过大则会产生涡流，焊缝表面呈浅褐色，也会出现气孔。CO_2 气体流量与焊接电流、焊丝伸出长度、焊接速度等均有关系。通常细丝焊接时，气体流量为 5～15L/min；粗丝焊接时，气体流量均为 20～30L/min。

7. 电源极性与回路电感

为了减小飞溅，保持焊接电弧的稳定，一般应选用直流反接。不同焊丝直径对应的焊接电流、电弧电压、电感值见表4-4。

表4-4　不同焊丝直径对应的焊接电流、电弧电压、电感值

焊丝直径/mm	焊接电流/A	电弧电压/V	电感值/mH
0.8	100	18	0.01～0.08
1.2	130	19	0.10～0.16
1.6	150	20	0.30～0.70

8. 焊炬倾斜角

当焊炬倾斜角小于10°时，无论是前倾还是后倾，对焊接过程及焊缝成形都没有影响。焊炬倾斜角见图4-19。

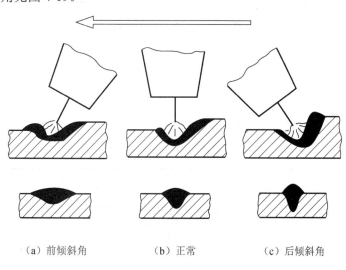

（a）前倾斜角　　　　　　（b）正常　　　　　　（c）后倾斜角

图4-19　焊炬倾斜角

9. 装配间隙和坡口尺寸

一般对于12mm以下的焊件不开坡口也可焊透，对于必须开坡口的焊件，一般坡口角度可由焊条电弧焊的60°左右减为30°～40°，钝边可相应增大2～3mm，根部间隙可相应减少1～2mm。

练一练

完成图4-20所示的练习。

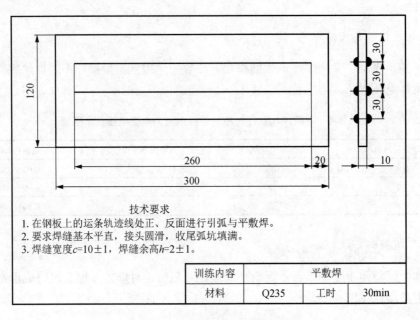

技术要求

1. 在钢板上的运条轨迹线处正、反面进行引弧与平敷焊。
2. 要求焊缝基本平直，接头圆滑，收尾弧坑填满。
3. 焊缝宽度 $c=10\pm1$，焊缝余高 $h=2\pm1$。

训练内容	平敷焊		
材料	Q235	工时	30min

图 4-20 平敷焊练习工件

一、实训要点

（一）焊接参数

钢板平敷焊焊接参数见表 4-5～表 4-7。

表 4-5 钢板平敷焊焊接参数（1）

焊丝直径/mm	熔滴过渡形式	焊件厚度/mm	焊缝位置
0.5～0.8	短路过渡	1.0～2.5	全位置
	颗粒状过渡	2.5～4.0	水平位置
1.0～1.2	短路过渡	2.0～8.0	全位置
	颗粒状过渡	2.0～12	水平位置
1.6	短路过渡	3.0～12	水平、立、横、仰
≥1.6	颗粒状过渡	>6.0	水平

表 4-6 钢板平敷焊焊接参数（2）

焊丝直径/mm	焊接电流/A	
	颗粒状过渡（30～45V）	短路过渡（16～22V）
0.8	150～250	60～160
1.2	200～300	100～175
1.6	350～500	100～180
2.4	500～700	150～200

表 4-7　钢板平敷焊焊接参数（3）

焊丝直径/mm	焊接电流/A	电弧电压/V	电感值/mH
0.8	100	18	0.01～0.08
1.2	130	19	0.10～0.16
1.6	150	20	0.30～0.70

（二）焊接操作过程

1. 直线平敷焊

CO_2气体保护焊与焊条电弧焊的引弧方法稍有不同，不采用划擦引弧法，主要采用直击引弧法，且引弧时不必抬起焊炬。引弧过程见图 4-21。

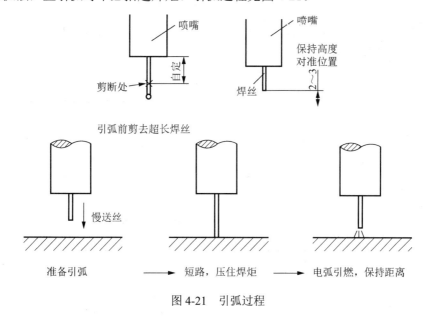

图 4-21　引弧过程

焊缝连接时接头好坏会直接影响焊缝质量，其接头方法见图 4-22。

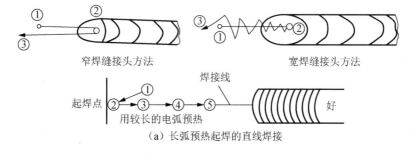

图 4-22　起始端运条法对焊缝成形的影响

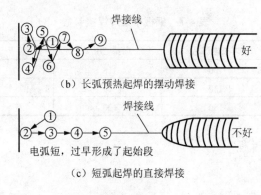

（b）长弧预热起焊的摆动焊接

电弧短，过早形成了起始段

（c）短弧起焊的直接焊接

图 4-22（续）

2. 摆动平敷焊

摆动平敷焊仍然用左向焊法。横向运条角度和起始焊的运条要领与直线焊接相同。焊炬在焊接过程中的摆动方式见表 4-8。

表 4-8　焊炬的摆动方式

摆动方式	适用范围
直线形运条法	焊接薄板或中厚板打底层焊道
小锯齿形摆动法	焊接较小坡口或中厚板打底层焊道
锯齿形摆动法	焊接厚板多层堆焊
斜圆圈形摆动法	横角焊缝的焊接
双圆圈形摆动法	较大坡口的焊接
直线往复运条法	薄板根部有间隙的焊接
反月牙形摆动法	焊接间隙较大的焊件或从上向下立焊

3. 结束焊接

1）松开焊炬扳机，焊机停止送丝，电弧熄灭，滞后 2～3s 断气，操作结束。

2）关闭气源、预热器开关和控制电源开关，关闭总电源，松开压丝手柄，去除弹簧的压力，最后将焊机整理好。

3）清理焊件，检查焊缝质量。

二、实训评价

项目	分值	扣分标准
操作姿势是否正确	10	酌情扣分
引弧方法是否正确	10	酌情扣分
运条方法是否正确	10	酌情扣分
平敷焊道波纹是否均匀	15	酌情扣分

续表

项目	分值	扣分标准
焊道起头是否圆滑	10	起头不圆滑不得分
焊道接头是否平整	10	接头不平整不得分
收尾是否无弧坑	10	出现弧坑不得分
焊缝是否平直	15	焊缝不平直不得分
焊缝宽度是否一致	10	焊缝宽度不一致不得分

想一想

1. CO_2气体保护焊的基本原理及分类是什么？
2. 进行CO_2气体保护焊时，焊丝与CO_2气体在使用过程中应注意什么？

单元二　T形接头平角焊

学习目标

1）掌握T形接头平角焊的正确焊条角度及运条方法。
2）掌握T形接头平角焊的操作方法。

学一学

　　在钢结构的生产中，H形梁和箱形梁的焊接结构是常见的焊接梁形式，焊接梁见图4-23。在实际生产中，钢结构的焊接主要采用CO_2气体保护焊进行焊接。

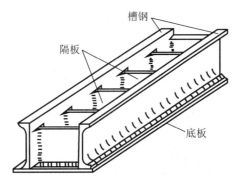

图4-23　焊接梁

1. 等厚度平角焊

等厚度平角焊角度及焊丝的位置见图4-24。一般焊丝与水平板的夹角为40°～50°。当焊脚尺寸不大于5mm时，采用A方式；否则采用B方式。

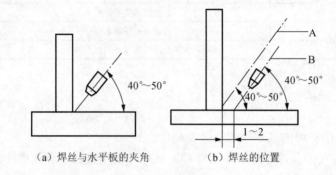

（a）焊丝与水平板的夹角　　　（b）焊丝的位置

图4-24　等厚度平角焊角度及焊丝的位置

控制焊炬前倾角为10°～25°，见图4-25。

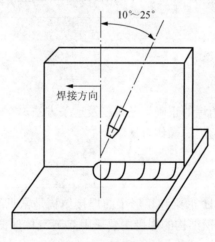

图4-25　焊炬前倾角

2. 不等厚度平角焊

一般焊件焊丝的倾角应使电弧偏向厚板侧，焊丝与水平板的夹角比等厚度焊件大一些，见图4-26，尽量使两板受热均衡。

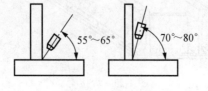

图4-26　焊丝角度

当焊脚尺寸小于 8mm 时，可采用单层焊，采用直线形运条法或斜圆圈形摆动法，并以左向焊法进行焊接；当焊脚尺寸大于 8 mm 时，应采用多层焊或多层多道焊，见图 4-27。

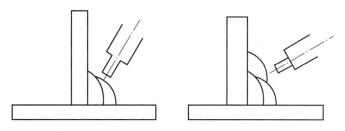

图 4-27 多层焊焊炬角度和指向位置

 练一练

完成图 4-28 所示的 T 形接头平角焊训练。

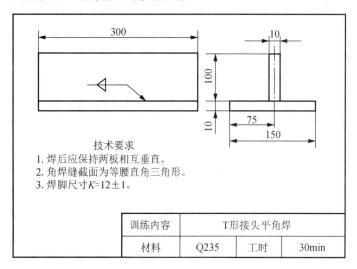

图 4-28 T 形接头平角焊训练工件

一、实训要点

1. 焊前清理及装配定位焊

（1）焊前清理

清理试件装配面和立板两侧 20mm 范围内和焊丝表面的油污、锈蚀、水分，直至露出金属光泽，然后用丙酮清洗。

（2）装配定位焊

装配完毕应校正焊件，保证立板与平板间的垂直度，在焊件两端对称进行定位焊，定位焊缝的长度为 10～15mm。

焊件的定位焊见图4-29。

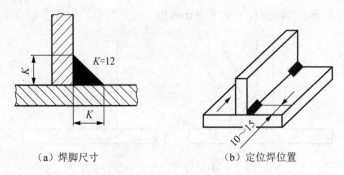

（a）焊脚尺寸　　　　　　　　　（b）定位焊位置

图4-29　焊件的定位焊

2. 焊接参数

T形接头平角焊焊接参数见表4-9。

表4-9　T形接头平角焊焊接参数

焊接层数	运条方法	焊接电流 /A	电弧电压 /V	焊脚尺寸 /mm	焊接速度 /（cm/s）	焊丝直径 /mm	气体流量 /（L/min）
第一层	直线形 运条法	180～200	22～24	5	0.5～0.8	1.2	10～12
第二层	斜圆圈 形摆动法	160～180	21～23	7	0.4～0.6	—	—

3. 焊接操作过程

（1）第一层焊道焊接

采用左向焊法，一层一道。焊丝与水平板夹角为35°～45°，焊炬倾角为10°～20°，焊接角度见图4-30。

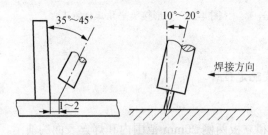

图4-30　焊接角度

焊接过程中，如果焊炬对准的位置不正确，引弧电压过低或焊速过慢都会使熔液下淌，造成焊缝下垂；如果引弧电压过高、焊速过快或焊炬朝向垂直板，致使母材温度过高，则会引起焊缝的咬边，产生焊瘤，见图4-31。

（2）第二层焊道（表面层）焊接

焊丝指向第一层焊道与水平板的焊脚处，进行直线焊接或小幅度横向摆动，达到所需的焊脚，并保证焊道平直，见图4-32。

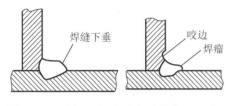

图4-31　焊瘤与咬边

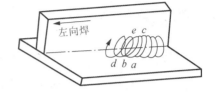

图4-32　T形接头平角焊时斜圆圈形运条法

无论是多层多道焊或是单层单道焊，在操作时，每层的焊脚尺寸应限制在6～7mm范围内，以防焊脚过大、熔敷金属下垂，而在立板上咬边、水平板上产生焊瘤等缺陷。同时要保证焊脚尺寸从头至尾一致，均匀美观。

二、实训评价

项目	分值	扣分标准
焊脚尺寸 K/mm	15	$11 \leqslant K \leqslant 13$，每超差一处扣5分
焊缝宽度差 c'/mm	15	$0 \leqslant c' \leqslant 2$，每超差一处扣5分
焊缝凸度 h/mm	15	$0 \leqslant h \leqslant 3$，每超差一处扣5分
焊缝凸度差 h'/mm	15	$0 \leqslant h' \leqslant 2$，每超差一处扣5分
咬边/mm	10	深度≤0.5，长度≤15，超差扣5分
未焊透	10	出现一处未焊透扣5分
焊瘤	10	出现一处焊瘤扣5分
角变形 α	10	$\alpha \leqslant 3°$，超差不得分

想一想

1．T形接头常用于什么结构件？

2．T形接头操作过程中有哪些要求？如何操作？

单元三　板对接焊

学习目标

1）了解CO₂气瓶的相关知识。

2）掌握焊丝的相关知识。

3）掌握 CO_2 气体保护焊的持焊钳姿势。

4）掌握板对接焊的操作方法。

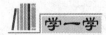 学一学

1. CO_2 气瓶

CO_2 气体常以液态装入气瓶中，气瓶外表涂铝白色，并标有黑色"二氧化碳"的字样，见图4-33。常用的 CO_2 气瓶的容量为 40 L，可装 25 kg 的液态 CO_2。

2. 焊丝

（1）焊丝的种类

CO_2 焊丝有实芯焊丝和药芯焊丝两种。实芯焊丝就是普通的 CO_2 焊丝，是目前最常用的焊丝。药芯焊丝的截面可分为 O 形截面和复杂截面，见图4-34。

（a）O形　　（b）梅花形　　（c）T形　　（d）E形　　（e）双层

图 4-33　CO_2 气瓶　　　　　　图 4-34　药芯焊丝的截面

（2）焊丝的型号及含义

常用碳钢、低合金钢 CO_2 焊丝的型号及含义见表4-10。

表4-10　焊丝的型号及含义

型号	H08Mn2SiA	ER50-2
含义	H 表示焊丝；08 表示焊丝的平均碳的质量分数为 0.08%；Mn2Si 表示焊丝平均 Mn 的质量分数约为 2%，Si 的质量分数小于 1.5%；A 表示高级优质钢，S、P 的质量分数不大于 0.03%	ER 表示实芯焊丝，又可作为填充焊丝；50 表示熔敷金属抗拉强度最低值为 500 MPa；2 表示焊丝化学成分分类代号

（3）对焊丝的要求

1）CO_2 焊丝必须比母材含有较多的 Mn、Si 等脱氧元素，以防焊缝产生气孔，并减少飞溅，保证焊缝金属具有足够的力学性能。

2）焊丝中碳的质量分数应限制在 0.10%以下，并控制硫、磷含量。

3）为了防止生锈，需要对焊丝（除不锈钢焊丝外）表面进行特殊处理（主要是镀铜处理），不但有利于焊丝保存，而且可改善焊丝的导电性及送丝的稳定性。

3. CO$_2$气体保护焊的持焊钳姿势

根据焊件高度，身体成下蹲、坐姿或站立姿势，见图4-35。

（a）下蹲平焊　（b）坐姿平焊　（c）站立平焊　（d）站立立焊　（e）站立仰焊

图4-35　持焊钳的正确姿势

练一练

活动1　V形坡口板对接平焊

完成图4-36所示的V形坡口板对接平焊训练。

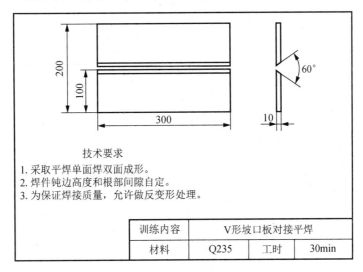

技术要求
1. 采取平焊单面焊双面成形。
2. 焊件钝边高度和根部间隙自定。
3. 为保证焊接质量，允许做反变形处理。

训练内容	V形坡口板对接平焊		
材料	Q235	工时	30min

图4-36　V形坡口板对接平焊训练工件

一、实训要点

1. 焊前清理及装配定位焊

（1）焊前清理

焊前必须对坡口周围20mm范围内进行清理，然后用锉刀将钝边修锉好。

（2）装配定位焊

Ｖ形坡口板对接严焊焊件装配各项尺寸见表4-11。

表4-11　Ｖ形坡口板对接严焊焊件装配各项尺寸

坡口角度	根部间隙/mm		钝边/mm	反变形角度	错边量/mm
	始焊端	终焊端			
60°	2.5	3.5	0～0.5	3°	≤0.5

2. 焊接参数

Ｖ形坡口板对接严焊焊接参数见表4-12。

表4-12　Ｖ形坡口板对接严焊焊接参数（1）

焊道层次	电源极性	焊丝直径/mm	焊丝伸出长度/mm	焊接电流/A	电弧电压/V	气体流量/（L/min）
打底层	反极性	1.2	20～23	100～120	20～22	8～15
填充层			23～25	210～230	23～25	15
表面层			—	220～240	24	15

如果选用实心焊丝焊接，Ｖ形坡口板对接严焊焊接参数见表4-13。

表4-13　Ｖ形坡口板对接严焊焊接参数（2）

焊道层次	电源极性	焊丝直径/mm	焊丝伸出长度/mm	焊接电流/A	电弧电压/V	气体流量/（L/min）
打底层	反极性	1.0	15～20	100～110	20～22	8～15
填充层			18～23	120～130	20～24	
表面层						

3. 焊接操作过程

（1）装配间隙及定位焊

试件对接平焊的反变形见图4-37。

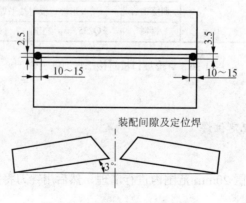

图4-37　试件对接平焊的反变形

焊接时，采用左焊法，焊丝中心线前倾 10°～15°，见图 4-38。第一层采用月牙形的小幅度摆动法焊接，焊炬摆动时在焊缝中心移动稍快，摆动到焊缝两侧要稍作停留 0.5～1s。若坡口间隙较大，应在横向摆动的同时做适当前后移动的倒退式月牙形摆动，这种摆动可避免电弧直接对准间隙，以防烧穿。

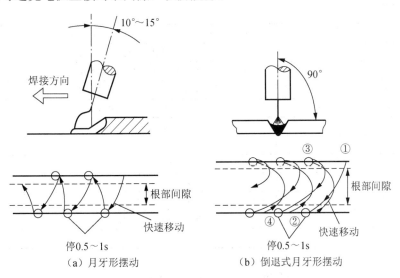

图 4-38　V 形坡口对接平焊打底层焊钳摆动方法

（2）打底层焊接

打底层焊道表面应平整而两侧稍向下凹，焊道厚度不得超过 4 mm，见图 4-39。

（3）填充层焊接

填充层焊道见图 4-40。采用多层焊或多层多道焊，以避免在焊接过程中产生未焊透和夹渣等缺陷。应注意焊道的排列顺序和焊道的宽度。可采用左焊法直接焊接，焊丝应在坡口与坡口、焊道与坡口表面交角的部位或焊道表面与焊道表面交角的角平分线部位。焊缝成形应避免中间凸起，使两侧与坡口之间形成夹角，因为在此处进行熔敷焊接时容易产生未焊透缺陷。当填充层焊接快要完成时，要控制填充层焊缝表面低于焊件表面 1.5～2mm，为表面层焊接创造良好条件。

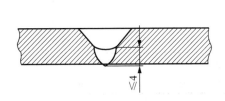

图 4-39　打底层焊道厚度

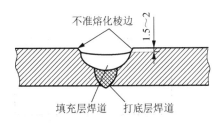

图 4-40　填充层焊道

（4）表面层焊接

表面焊缝的成形应平滑，没有咬边缺陷，焊缝两边的焊道要高度一致，高低适宜且保持平直。

二、实训评价

项目	分值	扣分标准
焊道宽度	10	比坡口每侧增宽 0.5～1mm，出现一处超差扣 5 分
焊缝宽度差 c'/mm	8	$c'\leqslant1.5$，出现一处超差扣 4 分
焊缝余高 h/mm	10	$0\leqslant h\leqslant3$，出现一处超差扣 5 分
焊缝余高差 h'/mm	8	$h'\leqslant2$，出现一处超差扣 4 分
直线度	8	$\leqslant1.5$，超差全扣
角变形	8	$\leqslant3°$，超差全扣
气孔	10	出现一处气孔扣 5 分
夹渣	8	出现一处夹渣扣 5 分
焊瘤	10	出现一处焊瘤扣 5 分
咬边	10	出现一处咬边扣 5 分
未焊透	10	出现一处未焊透全扣

活动 2　V 形坡口板对接立焊

完成图 4-41 所示的 V 形坡口板对接立焊训练。

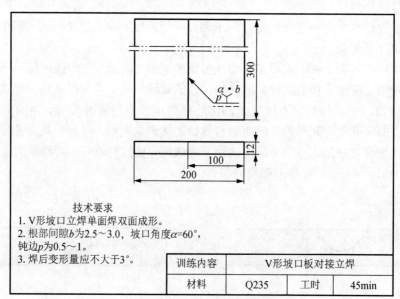

技术要求
1. V 形坡口立焊单面焊双面成形。
2. 根部间隙 b 为 2.5～3.0，坡口角度 $\alpha=60°$，钝边 p 为 0.5～1。
3. 焊后变形量应不大于 3°。

训练内容	V 形坡口板对接立焊		
材料	Q235	工时	45min

图 4-41　V 形坡口板对接立焊训练工件

一、实训要点

1. 焊前清理及装配定位焊

（1）焊前清理

焊前必须对坡口周围 20mm 范围内进行清理，然后用锉刀将钝边修锉好。

（2）装配定位焊

V 形坡口板对接立焊焊件装配各项尺寸见表 4-14。

表 4-14 V 形坡口板对接立焊焊件装配各项尺寸

坡口角度	根部间隙/mm		钝边/mm	反变形角度	错边量/mm
	始焊端	终焊端			
60°	2.5	3.0	0.5～1	3°	≤0.5

2. 焊接参数

V 形坡口板对接立焊焊接参数见表 4-15。

表 4-15 V 形坡口板对接立焊焊接参数

焊道层次	电源极性	焊丝直径/mm	焊丝伸出长度/mm	焊接电流/A	电弧电压/V	气体流量/L/min
打底层	反极性	1.2	15～20	90～110	18～20	12～15
填充层				130～150	20～22	
表面层	—	—	—	130～150	20～22	—

3. 焊接操作过程

（1）打底层焊接

在打底层焊接的过程中，焊炬做小反月牙形摆动，焊丝端部始终不离开熔池的上边缘，保持在钝边每侧熔化 0.5～1mm，见图 4-42。

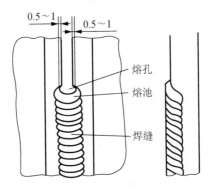

图 4-42 打底层焊接方式

（2）填充层焊接

填充层焊接时，用角磨机将局部凸起的焊道磨平，见图4-43。

立焊接头处打磨要求，见图4-44。

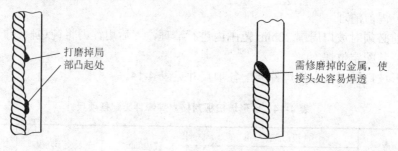

图4-43　填充层焊道　　　　　　　　　　图4-44　立焊接头处打磨要求

焊接时，采用向上弯曲月牙形横向摆动运条法。如果要求有较大的熔宽时，采用月牙形摆动，见图4-45。

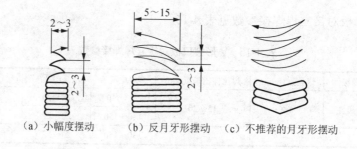

（a）小幅度摆动　　（b）反月牙形摆动　（c）不推荐的月牙形摆动

图4-45　立焊横向摆动运条法

（3）表面层焊接

表面层的焊接也可采用正三角形摆动向上立焊运条法，见图4-46。要避免出现咬边和凸出过大的缺陷。

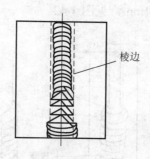

图4-46　正三角形摆动向上立焊运条法

二、实训评价

项目	分值	扣分标准
焊道宽度	10	比坡口每侧增宽 0.5~1mm，出现一处超差扣 5 分
焊缝宽度差 c'/mm	8	$c' \leq 1.5$，出现一处超差扣 4 分
焊缝余高 h/mm	10	$0 \leq h \leq 4$，出现一处超差扣 5 分
焊缝余高差 h'/mm	8	$h' \leq 3$，出现一处超差扣 4 分
直线度	8	≤ 1.5，超差全扣
角变形	8	$\leq 3°$，超差全扣
气孔	10	出现一处气孔扣 5 分
夹渣	8	出现一处夹渣扣 5 分
焊瘤	10	出现一处焊瘤扣 5 分
咬边	10	出现一处咬边扣 5 分
未焊透	10	出现一处未焊透全扣

活动 3 V 形坡口板对接横焊

完成图 4-47 所示的 V 形坡口板对接横焊训练。

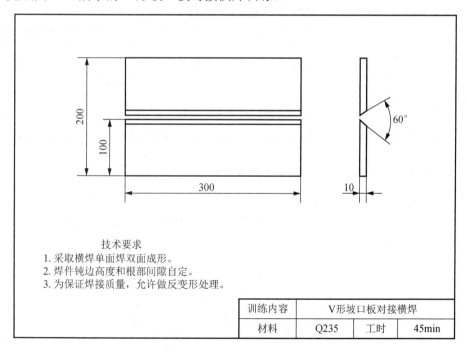

技术要求
1. 采取横焊单面焊双面成形。
2. 焊件钝边高度和根部间隙自定。
3. 为保证焊接质量，允许做反变形处理。

训练内容	V 形坡口板对接横焊		
材料	Q235	工时	45min

图 4-47 V 形坡口板对接横焊训练工件

一、实训要点

1. 焊前清理及装配定位焊

（1）焊前清理

焊前必须对坡口周围 20mm 范围内进行清理，然后用锉刀将钝边修锉好，在坡口上侧钝边为 0.5mm，下侧为 1mm。

（2）装配定位焊

V 形坡口板对接横焊焊件装配各项尺寸见表 4-16。

表 4-16　V 形坡口板对接横焊焊件装配各项尺寸

坡口角度	根部间隙/mm		钝边/mm	反变形角度	错边量/mm
	始焊端	终焊端			
60°	2.5	3.5	0.5～1	5°～6°	≤0.5

2. 焊接参数

V 形坡口板对接横焊焊接参数见表 4-17。

表 4-17　V 形坡口板对接横焊焊接参数

焊道层次	运条方法	焊丝直径/mm	焊丝伸出长度/mm	焊接电流/A	电弧电压/V	气体流量/（L/min）
打底层	小斜锯齿形摆动法			90～100	18～26	
填充层	直线形或斜圆圈形摆动运条法	1.0	10～15	110～125	21～23	12～15
表面层	直线形运条法			110～125	21～23	

3. 操作过程

（1）打底层焊接

将焊件呈横向水平位置固定，间隙小的一端为始焊端放在右侧，采用左焊法，焊炬与焊件之间的角度见图 4-48。

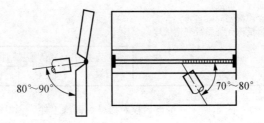

图 4-48　打底层焊接方式

焊接过程中要始终观察熔池和熔孔，并保持熔孔边缘超过坡口上下棱边 0.5～1mm，见图 4-49。

若打底层焊接过程中电弧中断，应将接头处焊道用角磨机打磨成斜坡状，见图 4-50。

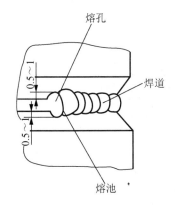

图 4-49　横焊时熔孔的控制

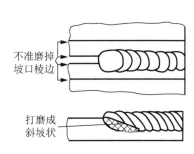

图 4-50　接头处的打磨要求

（2）填充层焊接

按图 4-51 所示的焊炬角度进行填充层焊道的焊接。

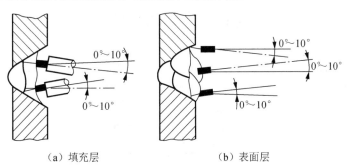

（a）填充层　　　　　（b）表面层

图 4-51　对接横焊填充层和表面层焊时的焊钳角度

整个填充层焊缝厚度应低于母材 1.5～2mm，且不得熔化坡口两侧的棱边，见图 4-52。

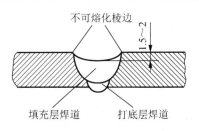

图 4-52　填充层焊缝厚度

（3）表面层焊接

表面层焊接前先将填充层的飞溅、凸起不平处修平。焊接电流可适当减小，以保持各焊道间的平整重叠，并使焊缝两侧焊道平直且高度一致。

二、实训评价

项目	分值	扣分标准
焊道宽度	10	比坡口每侧增宽 0.5~1mm，出现一处超差扣 5 分
焊缝宽度差 c'/mm	8	$c' \leq 1.5$，出现一处超差扣 4 分
焊缝余高 h/mm	10	$0 \leq h \leq 3$，出现一处超差扣 5 分
焊缝余高差 h'/mm	8	$h' \leq 2$，出现一处超差扣 4 分
直线度	8	≤ 1.5，超差全扣
角变形	8	$\leq 3°$，超差全扣
气孔	10	出现一处气孔扣 5 分
夹渣	8	出现一处夹渣扣 5 分
焊瘤	10	出现一处焊瘤扣 5 分
咬边	10	出现一处咬边扣 5 分
未焊透	10	出现一处未焊透全扣

活动 4　V 形坡口板对接仰焊

完成图 4-53 所示的 V 形坡口板对接仰焊训练。

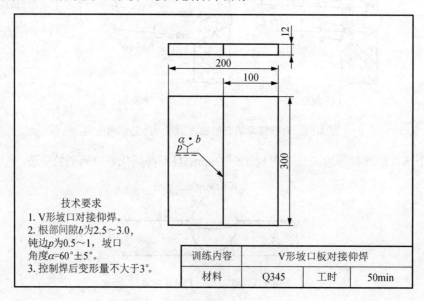

技术要求
1. V 形坡口对接仰焊。
2. 根部间隙 b 为 2.5~3.0，钝边 p 为 0.5~1，坡口角度 $\alpha=60°\pm5°$。
3. 控制焊后变形量不大于 3°。

训练内容	V 形坡口板对接仰焊		
材料	Q345	工时	50min

图 4-53　V 形坡口板对接仰焊训练工件

一、实训要点

1. 焊前清理及装配定位焊

（1）焊前清理

焊前将焊件坡口 20mm 范围内的铁锈、油污、水分等污物清理干净，然后用锉刀修磨钝边 0.5～1mm，无毛刺。

（2）装配定位焊

V 形坡口板对接仰焊焊件装配各项尺寸见表 4-18。

表 4-18　V 形坡口板对接仰焊焊件装配各项尺寸

坡口角度	根部间隙/mm		钝边/mm	反变形角度	错边量/mm
	始焊端	终焊端			
60°±5°	2.0	3.0	0.5～1	3°～4°	≤1.0

将焊件两端留出不等的根部间隙，见图 4-54。

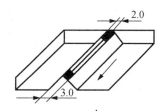

图 4-54　仰焊预留间隙

2. 焊接参数

V 形坡口板对接仰焊焊接参数见表 4-19。

表 4-19　V 形坡口板对接仰焊焊接参数

焊道层次	焊丝直径/mm	焊丝伸出长度/mm	焊接电流/A	电弧电压/V	焊接速度/（m/h）	气体流量/（L/min）
打底层			90～100	18～20		
填充层	1.2	10～15	130～140	20～22	25～30	15～20
表面层			120～140	20～22		

3. 操作过程

对接仰焊是板对接最难的焊接位置，主要困难是熔化金属的下坠问题。对接仰焊的焊道分布见图 4-55。

（1）打底层焊接

焊炬与焊件的角度见图 4-56。

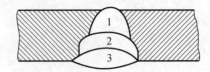

图 4-55　焊道分布

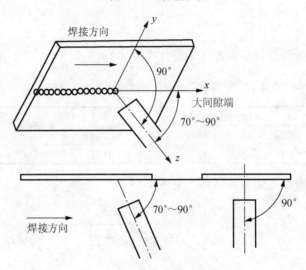

图 4-56　焊炬与焊件的角度

仰焊打底层焊接时熔孔及熔池形状见图 4-57。

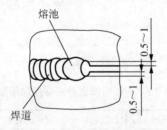

图 4-57　仰焊打底层焊接时熔孔及熔池形状

（2）填充层焊接

填充层焊接接头方法与打底层不同。焊炬在距接头点 15～20mm 处打底层焊缝上引燃电弧，不要形成熔池，快速移动到弧坑中高点位置。待熔池出现后，焊炬再向坡口两侧摆动，焊过弧坑以后，再进行正常焊接。

（3）表面层焊接

表面层焊接时注意两侧的熔合情况，防止咬边。

二、实训评价

项目	分值	扣分标准
焊道宽度	10	比坡口每侧增宽 0.5～1mm，出现一处超差扣 5 分
焊缝宽度差 c'/mm	8	$c'≤1.5$，出现一处超差扣 4 分
焊缝余高 h/mm	10	$0≤h≤3$，出现一处超差扣 5 分
焊缝余高差 h'/mm	8	$h'≤2$，出现一处超差扣 4 分
直线度	8	≤1.5，超差全扣
角变形	8	≤3°，超差全扣
气孔	10	出现一处气孔扣 5 分
夹渣	8	出现一处夹渣扣 5 分
焊瘤	10	出现一处焊瘤扣 5 分
咬边	10	出现一处咬边扣 5 分
未焊透	10	出现一处未焊透全扣

想一想

1．CO_2 气体保护焊的焊丝有哪些种类？各有什么要求？

2．如何进行板对接 CO_2 气体保护焊？

单元四 管 对 接 焊

学习目标

1）掌握水平固定管平、仰焊位置时的焊矩角度。

2）掌握管对接 CO_2 气体保护焊的操作方法。

学一学

大直径管试件水平固定对接焊，焊接过程中管子固定在水平位置，不准转动，焊接位置包括仰位焊、立位焊和平位焊几种位置。焊接时随着管子曲率半径的变化而变化，要随时调整焊炬角度和指向圆周位置。

✏ **练一练**

活动1　水平固定管焊

完成图 4-58 所示的水平固定管焊训练。

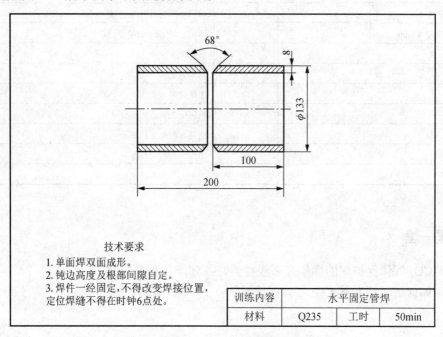

技术要求
1. 单面焊双面成形。
2. 钝边高度及根部间隙自定。
3. 焊件一经固定,不得改变焊接位置,定位焊缝不得在时钟6点处。

训练内容	水平固定管焊		
材料	Q235	工时	50min

图 4-58　水平固定管焊训练工件

一、实训要点

1. 焊前清理及装配定位焊

（1）焊前清理

焊前将焊件坡口 20mm 范围内的铁锈、油污、水分等污物清理干净,然后用锉刀修磨钝边 0.5~1mm,无毛刺。

（2）装配定位焊

水平固定管焊焊件装配各项尺寸见表 4-20。

表 4-20　水平固定管焊焊件装配各项尺寸

坡口角度	根部间隙/mm		错边量/mm
	仰焊位置（始焊端）	平焊位置（终焊端）	
60°	2.2	3.0	≤0.5

定位焊缝见图4-59。

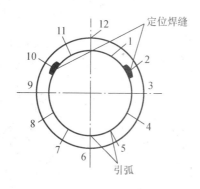

图4-59　定位焊缝

2. 焊接参数

水平固定管焊焊接参数见表4-21。

表4-21　水平固定管焊焊接参数

焊道层次	运条方法	焊丝直径/mm	焊丝伸出长度/mm	焊接电流/A	电弧电压/V	气体流量/（L/min）
打底层	小锯齿形摆动法	1.2	13~16	100~115	19~21	12~15
填充层	锯齿形摆动法			115~125	21~23	
表面层				120~135	21~25	

3. 操作过程

（1）打底层焊接

焊炬与焊件的角度见图4-60。调整好焊接参数后，在时钟7点处引弧，焊炬沿逆时针方向做小幅度锯齿形摆动焊接。焊接过程中应控制好熔孔直径，通常熔孔直径比间隙大1~2mm较为合适且与间隙两边对称，一直焊接到0点钟位置，然后从7点钟位置顺时针焊接至0点钟，使焊道圆滑接触。

（2）填充层焊接

填充层焊接前将打底层表面的飞溅物清理干净，打磨平整接头凸起处，清理喷嘴飞溅物，调试好焊接工艺参数，即可引弧焊接。焊炬角度与打底层焊接基本相同，但焊炬锯齿形摆动幅度要大些，并注意坡口两侧适当停顿，保证焊道与母材的良好熔合，控制填充量，使其焊道表面低于管子表面1.5~2mm，坡口棱边保持完好。

（3）表面层焊接

表面层焊接的操作方法与填充层相同，因焊缝加宽，则焊炬的摆动幅度应加大，控制焊炬在坡口两侧停顿稍短，回摆速度放缓，使熔池边缘熔化棱边1mm左右。

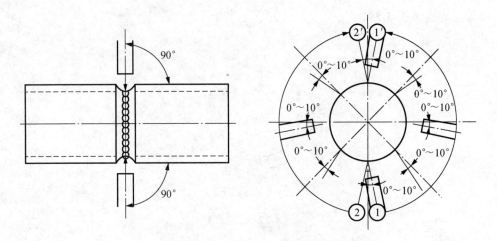

图 4-60　焊炬与焊件的角度

二、实训评价

项目	分值	扣分标准
焊道宽度	10	比坡口每侧增宽 0.5～1mm，出现一处扣 5 分
焊缝宽度差 c'/mm	8	$c'≤1.5$，出现一处超差扣 4 分
焊缝余高 h/mm	10	0～3，出现一处超差扣 5 分
焊缝余高差 h'/mm	8	$h'≤2$，出现一处超差扣 4 分
直线度/mm	8	直线度≤1.5，超差全扣
咬边/mm	8	深度≤0.5，长度≤15，出现一处超差扣 5 分
气孔	10	出现一处气孔扣 5 分
夹渣	8	出现一处夹渣扣 5 分
焊瘤	10	出现一处焊瘤扣 5 分
未熔合	10	出现一处未熔合全扣
未焊透	10	出现一处未焊透全扣

活动 2　垂直固定管焊

完成图 4-61 所示的垂直固定管焊训练。

一、实训要点

1. 焊前清理及装配定位焊

（1）焊前清理

焊前将焊件坡口 20mm 范围内的铁锈、油污、水分等污物清理干净，然后用锉刀修磨钝边 0.5～1mm，无毛刺。

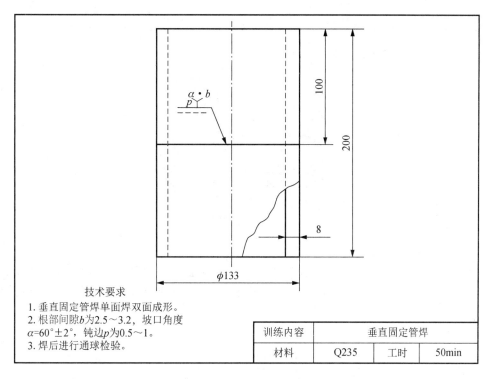

技术要求
1. 垂直固定管焊单面焊双面成形。
2. 根部间隙 b 为 2.5～3.2，坡口角度 $\alpha=60°\pm2°$，钝边 p 为 0.5～1。
3. 焊后进行通球检验。

训练内容	垂直固定管焊		
材料	Q235	工时	50min

图 4-61 垂直固定管焊训练工件

（2）装配定位焊

垂直固定管焊焊件装配各项尺寸见表 4-22。

表 4-22 垂直固定管焊焊件装配各项尺寸

坡口角度	根部间隙/mm		错边量/mm
	始焊端	终焊端	
60°	2.5	3.2	≤0.8

2. 焊接参数

垂直固定管焊焊接参数见表 4-23。

表 4-23 垂直固定管焊焊接参数

焊道层次	运条方法	焊丝直径/mm	焊丝伸出长度/mm	焊接电流/A	电弧电压/V	气体流量/(L/min)
打底层	小锯齿形摆动法	1.2	10～15	110～130	18～20	10～15
填充层	直线形运条法			130～150	20～22	
表面层						

3．操作过程

管垂直固定焊 V 形坡口和焊接方向见图 4-62。

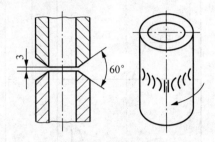

图 4-62 V 形坡口和焊接方向

（1）打底层焊接

焊炬与焊件的角度见图 4-63。用左焊法，三层四道焊，各焊层的焊道分布见图 4-64。在焊件右侧定位焊缝上引弧，焊炬自右向左开始小幅度地锯齿形横向摆动，待左侧形成熔孔后，转入正常焊接。

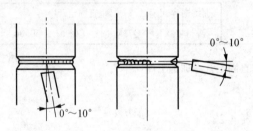

图 4-63 焊炬与焊件的角度　　　　　　　　图 4-64 焊道分布

（2）填充层焊接

调整好焊接工艺参数后，自右向左焊接，焊接时，适当加大焊炬的横向摆动，保证坡口两侧熔合好。最后一道填充层焊道不准熔化坡口的棱边且应低于焊件表面 2.5～3mm。

（3）表面层焊接

表面层焊接的焊炬角度见图 4-65。用填充层的焊接方法焊接完表面层，保证焊缝两侧熔合良好，熔池边缘超过坡口棱边 0.5～2mm。

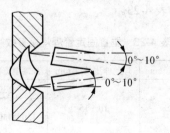

图 4-65 表面层焊接的焊炬角度

二、实训评价

项目	分值	扣分标准
焊道宽度	10	比坡口每侧增宽 $0.5 \sim 1mm$，出现一处扣 5 分
焊缝宽度差 c'/mm	8	$c' \leqslant 1.5$，出现一处超差扣 4 分
焊缝余高 h/mm	10	$0 \sim 3$，出现一处超差扣 5 分
焊缝余高差 h'/mm	8	$h' \leqslant 2$，出现一处超差扣 4 分
直线度/mm	8	直线度 $\leqslant 1.5$，超差全扣
咬边/mm	8	深度 $\leqslant 0.5$，长度 $\leqslant 15$，出现一处超差扣 5 分
气孔	10	出现一处气孔扣 5 分
夹渣	8	出现一处夹渣扣 5 分
焊瘤	10	出现一处焊瘤扣 5 分
未熔合	10	出现一处未熔合全扣
未焊透	10	出现一处未焊透全扣

想一想

1. 管固定焊操作过程中有哪些难度？应如何解决？
2. 管板对接与管对接焊相比有什么不同？

单元一　低碳钢板对接焊

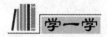

学习目标

1）掌握钨极氩弧焊的焊接工艺参数。
2）掌握钨极氩弧焊的基本操作技术。
3）掌握手工钨极氩弧焊板平对接焊的操作方法。

学一学

一、氩弧焊概述

1. 氩弧焊的工作原理

从焊炬喷嘴中喷出的氩气流，在焊接区形成厚而密的气体保护层而隔绝空气，同时，在电极（钨极或焊丝）与焊件之间燃烧产生的电弧热量使被焊处熔化，并填充焊丝，将被焊金属连接在一起，从而获得牢固的焊接接头，见图5-1。

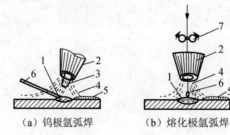

（a）钨极氩弧焊　　　　　（b）熔化极氩弧焊

图5-1　氩弧焊

1. 熔池；2. 喷嘴；3. 钨极；4. 气体；5. 焊缝；6. 焊丝；7. 送丝滚轮

2. 氩弧焊的分类

氩弧焊可以分为钨极氩弧焊和熔化极氩弧焊，见图5-2。

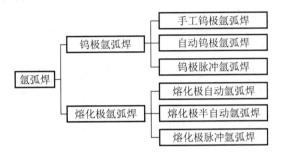

图5-2 氩弧焊的分类

3. 氩弧焊的特点

1）优点：焊缝质量较高；焊接变形与应力小；可焊的材料范围广；操作技术易于掌握。

2）缺点：熔深浅，熔覆速度慢；钨极承载电流小；氩气较贵；不适于有风的地方；设备比较复杂。

二、钨极氩弧焊概述

钨极氩弧焊又称不熔化极氩弧焊，简称为 TIG 焊。

钨极氩弧焊是使用高熔点的钨棒作为电极，在氩气流的保护下，利用钨极与焊件之间的电弧热量来熔化母材及填充焊丝，形成焊缝，见图5-3。

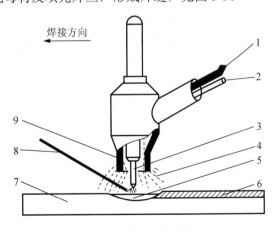

图5-3 钨极氩弧焊的原理

1. 电缆；2. 保护气体导管；3. 钨极；4. 保护气体；5. 熔池；6. 焊缝；7. 焊件；8. 填充焊丝；9. 喷嘴

三、钨极氩弧焊设备

手工钨极氩弧焊设备由焊接电源、控制系统、焊炬、供气系统及等部分组成，见图 5-4。

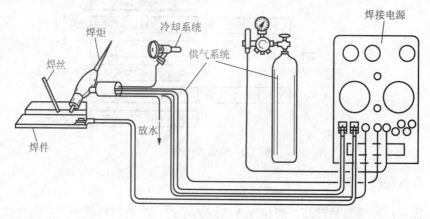

图 5-4　手工钨极氩弧焊机

1. 焊接电源（焊机）

因为手工钨极氩弧焊的电弧静特性与焊条电弧焊相似，所以任何具有陡降外特性的弧焊电源都可以作为氩弧焊电源。常见手工钨极氩弧焊机见图 5-5。

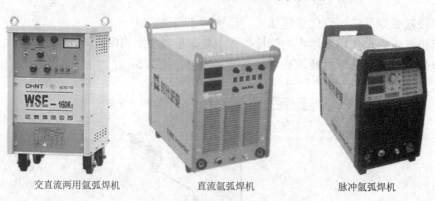

交直流两用氩弧焊机　　　　直流氩弧焊机　　　　脉冲氩弧焊机

图 5-5　常见手工钨极氩弧焊机

直流电没有极性变化，电弧燃烧很稳定。直流电源的连接可分为直流正接、直流反接两种，见图 5-6。采用直流正接时，电弧燃烧稳定性更好。

2. 控制系统

交流手工钨极氩弧焊机的控制系统见图 5-7。

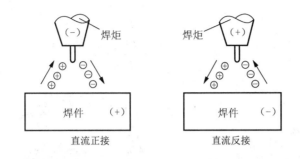

图 5-6 直流电源的连接方式

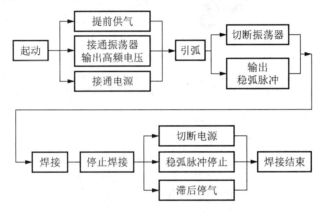

图 5-7 交流手工钨极氩弧焊机的控制系统

3. 焊炬

焊炬主要由焊炬体、钨极夹头、进气管、电缆、喷嘴、按钮开关等组成，其作用是传导电流、夹持钨极、输送氩气。

氩弧焊焊炬分为大、中、小 3 种，按冷却方式又可分为气冷式焊炬和水冷式焊炬，见图 5-8 和图 5-9。

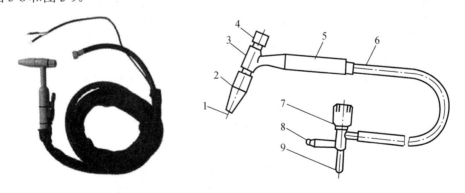

图 5-8 气冷式焊炬

1. 钨极；2. 陶瓷喷嘴；3. 枪体；4. 短帽；5. 手把；6. 电缆；7. 气体开关手轮；8. 通气接头；9. 通电接头

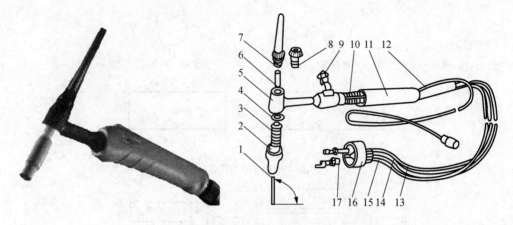

图 5-9   水冷式焊炬

1. 钨极；2. 陶瓷喷嘴；3. 导流件；4、8. 密封圈；5. 枪体；6. 钨极夹头；7. 盖帽；9. 船形开关；
10. 扎线；11. 手把；12. 插圈；13. 进气皮管；14. 出水皮管；15. 水冷却管；16. 活动接头；17. 水电接头

常见的焊炬喷嘴出口形状见图 5-10。

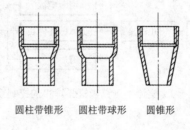

圆柱带锥形　　圆柱带球形　　圆锥形

图 5-10   常见的焊炬喷嘴出口形状

4. 供气系统

（1）氩气钢瓶

氩气钢瓶外表涂灰色，并标有深绿色"氩"的字样，见图 5-11。氩气钢瓶的作用是储存并运输氩气，一般工厂常用 40L 的钢瓶来储存和运输氩气。

图 5-11   氩气钢瓶

（2）氩气流量调节阀

氩气流量调节阀不仅能起到降压和稳压的作用，而且可方便地调节氩气流量。

（3）电磁气阀

电磁气阀有 AT-15 型和 AT-30 型，见图 5-12。

AT-15 型   AT-30 型

图 5-12   电磁气阀

四、钨极氩弧焊焊接参数

1. 钨极直径和焊接电流

通常根据焊件的材质、厚度来选择焊接电流。钨极直径应根据焊接电流的大小来定。焊接电流和相应的电弧特征见图 5-13。

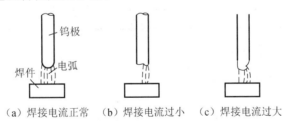

（a）焊接电流正常   （b）焊接电流过小   （c）焊接电流过大

图 5-13   焊接电流和相应的电弧特征

2. 电弧电压

电弧电压主要由弧长决定。

3. 焊接速度

焊接速度由焊工根据熔池的大小、形状和焊件熔合情况随时调节，见图 5-14。

不锈钢和耐热钢手工钨极氩弧焊的钨极直径和焊接电流见表 5-1。

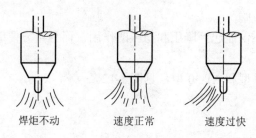

焊炬不动　　　　速度正常　　　　速度过快

图 5-14　焊接速度对保护效果的影响

表 5-1　不锈钢和耐热钢手工钨极氩弧焊的钨极直径和焊接电流

材料厚度/mm	钨极直径/mm	焊丝直径/mm	焊接电流/A
1.0	2.0	1.6	40～70
1.5	2.0	1.6	40～85
2.0	2.0	2.0	80～130
3.0	2.0～3.0	2.0	120～160

铝合金手工钨极氩弧焊的钨极直径和焊接电流见表 5-2。

表 5-2　铝合金手工钨极氩弧焊的钨极直径和焊接电流

材料厚度/mm	钨极直径/mm	焊丝直径/mm	焊接电流/A
1.5	2.0	2.0	70～80
2.0	2.0～3.0	2.0	90～120
3.0	3.0～4.0	2.0	120～130
4.0	3.0～4.0	2.5～3.0	120～140

4. 焊接电源的种类和极性

焊接电源的种类和极性见表 5-3。

表 5-3　焊接电源的种类和极性

材料	直流		交流
	正极性	反极性	
铝及其合金	×	◎	△
铜及铜合金	△	×	◎
铸铁	△	×	◎
低碳钢、低合金钢	△	×	◎
高合金钢、镍及镍合金、不锈钢	△	×	◎
钛合金	△	×	◎

注：△——最佳，◎——可用，×——最差。

5. 氩气流量与喷嘴直径

喷嘴直径可按公式 $D=2d+4$ 确定。其中，D 为喷嘴直径，d 为钨极直径。

氩气流量可按公式 $q_v=(0.8\sim1.2)D$ 计算。其中，q_v 为氩气流量。

在生产实践中，孔径为 12～20mm 的喷嘴，最佳氩气流量范围为 8～16L/min。常用的喷嘴直径一般取 8～20mm。

6. 喷嘴与焊件间的距离

喷嘴与焊件间的距离以 8～14mm 为宜。

7. 钨极的伸出长度

钨极的伸出长度一般为 3～5mm。

在生产实践中，可通过观察焊接表面色泽，以及是否有气孔来判定氩气的保护效果。不锈钢件焊缝表面色泽与保护效果的评定，见表 5-4。

表 5-4　不锈钢件焊缝表面色泽与保护效果

焊缝色泽	银白色、金黄色	蓝色	红灰色	黑灰色
保护效果	最好	良好	较好	差

铝及铝合金焊缝表面色泽与保护效果的评定，见表 5-5。

表 5-5　铝及铝合金焊缝表面色泽与保护效果

焊缝色泽	银白色，有光泽	白色，无光泽	灰白色，无光泽	灰黑色，无光泽
保护效果	最好	较好	差	最差

五、焊接基本操作技术

1. 引弧

手工钨极氩弧焊通常采用引弧器进行引弧。这种引弧的优点是钨极与焊件保持一定距离而不接触，就能在施焊点上直接引燃电弧，并可使钨极端头保持完整，钨极损耗小，且引弧处不会产生夹钨缺陷。

没有引弧器时，可用紫铜板或石墨板作为引弧板。将引弧板放在焊件接口旁边或接口上面引弧，使钨极端头加热到一定温度后（约 1s），立即移到待焊处引弧。这种引弧方法适宜普通功能的氩弧焊机，但在钨极与引弧板接触引弧时，会产生很大的短路电流，容易烧损钨极端头。

2. 焊炬的摆动方式

焊炬的摆动方式见表5-6。

表 5-6　焊炬的摆动方式

焊炬摆动方式	适用范围
直线形	I形坡口对接焊 多层多道焊的打底层焊接
锯齿形	对接接头全位置焊
月牙形	角接接头的立焊、横焊和仰焊
圆圈形	厚件对接平焊

3. 焊接的操作手法

焊接的操作手法见图5-15。

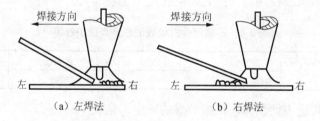

（a）左焊法　　　　　　（b）右焊法

图 5-15　焊接的操作手法

4. 填丝基本操作技术

手工钨极氩弧焊的填丝操作见图5-16，其填丝位置见图5-17。

1）连续填丝，这种填丝操作技术较好，对保护层的扰动小，但比较难掌握。连续填丝时，要求焊丝比较平直，用左手拇指、食指、中指配合推动焊丝，无名指和小指夹住焊丝控制方向。当焊丝填充量较大时，多采用此法。

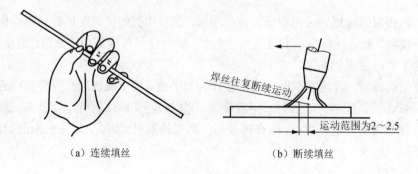

（a）连续填丝　　　　　　（b）断续填丝

图 5-16　手工钨极氩弧焊的填丝操作

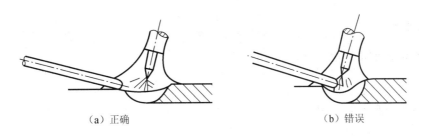

（a）正确 　　　　　　　　　　　（b）错误

图 5-17　填丝的位置

2）断续填丝，以焊工的左手拇指、食指、中指捏紧焊丝，焊丝末端应始终处于氩气保护区内。填丝动作要轻，不得扰动氩气保护层，以防空气侵入。更不能像气焊那样在熔池中搅拌，而是靠焊工的手臂和手腕的上、下反复动作，将焊丝端部的熔滴送入熔池。全位置焊接时多用此法。

练一练

完成图 5-18 所示的低碳钢板对接平焊训练。

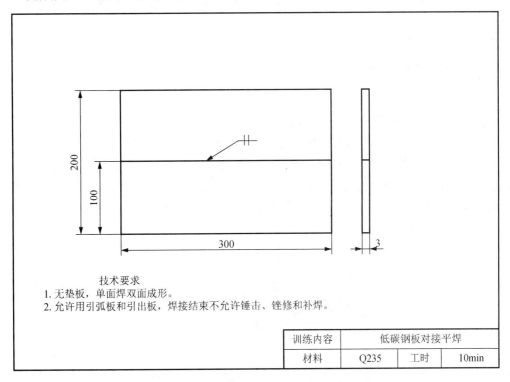

技术要求
1. 无垫板，单面焊双面成形。
2. 允许用引弧板和引出板，焊接结束不允许锤击、锉修和补焊。

训练内容	低碳钢板对接平焊		
材料	Q235	工时	10min

图 5-18　低碳钢板对接平焊训练工件

一、实训要点

1. 焊前清理及装配定位焊

（1）焊前清理

采用钢丝刷或砂布将焊接处和焊丝表面清理干净，直至露出金属光泽。

（2）装配定位焊

定位焊时先焊焊件两端，然后在中间加定位焊点。定位焊缝宽度应小于最终焊缝宽度。

2. 焊接参数

低碳钢板对接平焊焊接参数见表 5-7。

表 5-7　低碳钢板对接平焊焊接参数

焊接层次	钨极直径/mm	喷嘴直径/mm	钨极伸出长度/mm	氩气流量/(L/min)	焊丝直径/mm	焊接电流/A
打底层	2.5	8～12	5～6	8～12	2.5	70～90
填充层	3.0	8～12	5～6	10～14	3.0	100～200
表面层	3.0	8～12	5～6	10～14	3.0	100～120

3. 焊接操作过程

（1）打底层焊接

采用左焊法，焊炬与焊件表面成 80° 左右的夹角，填充焊丝与焊件表面以 10°～15° 为宜，见图 5-19。引燃电弧后，焊炬停留在原位置不动，稍微预热后，当定位焊缝外侧形成熔池，并出现熔孔后，开始填充焊丝，自右向左焊接。焊丝填入动作要熟练、均匀，填丝要有规律，焊炬移动要稳，速度一致。焊接中密切关注焊接参数的变化及相互关系，随时调整焊炬角度和焊接速度。通过各参数之间的良好配合，保证背面焊道良好成形。

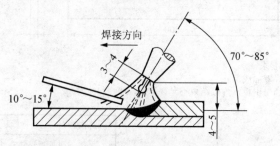

焊接方向

3～4

70°～85°

10°～15°

4～5

图 5-19　焊炬、焊件与焊丝的相对位置和夹角

（2）填充层焊接

焊道填充层焊接时，焊炬摆动幅度可稍大，以保证坡口两侧熔合好，焊道表面平整。

焊接步骤、焊炬角度、填丝位置与打底层焊接相同，但要注意，焊接时不要熔化坡口表面棱边。

（3）表面层焊接

表面层焊接要相应加大焊接电流，并要选择比打底层焊接时稍大些的钨极直径及焊丝。

二、实训评价

项目	分值	扣分标准
焊缝宽度 c/mm	10	c 为 4～6，超差不得分
焊缝宽度差 c'/mm	8	$c'{\leqslant}1$，超差不得分
焊缝余高 h/mm	10	h 为 0～2，超差不得分
焊缝余高差 h'/mm	8	$h'{\leqslant}1$，超差不得分
错边量	8	≤0.5，超差不得分
焊后角变形 α	8	$\alpha{\leqslant}3°$，超差不得分
夹渣	8	出现一处夹渣扣 5 分
气孔	8	出现一处气孔扣 4 分
未焊透	8	出现一处未焊透扣 5 分
未熔合	8	出现一处未熔合扣 5 分
咬边	8	出现一处咬边扣 4 分
凹坑	8	出现一处凹坑扣 4 分

想一想

1. 氩弧焊的工作原理、分类及特点是什么？
2. 手工钨极氩弧焊设备由哪些部分组成？

单元二 小直径管对接氩弧焊

学习目标

1）掌握钨极氩弧焊焊丝及钨极的相关知识。
2）掌握小直径管对接氩弧焊焊接的方法及操作。

学一学

1. 焊丝的填丝方法

在仰焊及斜仰焊爬坡位置时，宜采用内填丝法，见图5-20。

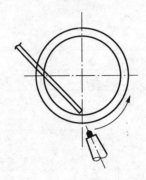

图 5-20　仰焊位置内填丝法

当在立焊、斜平焊及平焊位置时，恢复常用的外填丝法。

2. **焊丝的分类**

氩弧焊焊丝可分为钢焊丝和有色金属焊丝两大类。

（1）钢焊丝

氩弧焊钢焊丝包括实芯焊丝和药芯焊丝两大类。

（2）有色金属焊丝

有色金属焊丝包括镍及镍合金焊丝、铜及铜合金焊丝、铝及铝合金焊丝。

3. **焊丝的作用及要求**

（1）焊丝的作用

手工钨极氩弧焊时，焊丝是填充金属，与熔化母材混合形成焊缝；熔化极氩弧焊时，焊丝除上述作用外，还起到传导电流、引弧和维持电弧燃烧的作用。

（2）焊丝的要求

1）化学成分应与木材的性能相匹配。

2）合金成分含量稍高。

3）符合国家规定。

4）手工焊焊丝一般为每根长 500～1000mm 的直丝。

5）焊丝直径范围为 0.4～9mm。

4. **焊丝的使用与保管**

1）焊丝的使用与保管应符合国家标准规定。

2）焊丝化学成分应与母材化学成分接近。

3）焊丝应有质量合格证书。

4）焊丝的清理。焊丝在使用前应采用机械方法或化学方法清除其表面的油脂、锈蚀等杂质，并使之露出金属光泽。

5. 钨极

（1）钨极的作用

钨极的作用是传导电流、引燃电弧和维持电弧正常燃烧。

（2）钨极材料的要求

对钨极材料的要求见表 5-8

表 5-8　对钨极材料的要求

钨极类别	牌号	化学成分（质量分数，%）						
		$\omega_W \geq$	ω_{ThO_2}	ω_{CeO}	$\omega_{SiO_2} \leq$	$\omega_{Fe_2O_3}$、$\omega_{Al_2O_3} \leq$	$\omega_{Mo} \leq$	$\omega_{CaO} \leq$
纯钨极	W1	99.92	—	—	0.03	0.03	0.01	0.01
	W2	99.85	杂质成分总的质量分数不大于 0.15%					
钍钨极	WTh-7	余量	0.7～0.99	—	0.06	0.02	0.01	0.01
	WTh-10	余量	1.0～1.49	—	0.06	0.02	0.01	0.01
	WTh-15	余量	1.5～2.0	—	0.06	0.02	0.01	0.01
铈钨极	WCe-20	余量	—	1.8～2.2	0.06	0.02	0.01	0.01
锆钨极	WZr-15	99.63	—	—	—	—	—	—

（3）钨极的种类、牌号及规格

1）纯钨极——W1、W2。

2）钍钨极——WTh-7、WTh-10、WTh-15。

3）铈钨极——WCe-20。

4）钨极的规格。钨极的长度范围为 76～610mm，直径分为 0.5mm、1.0mm、1.6mm、2.0mm、2.5mm、3.2mm、4.0mm、5.0mm、6.3mm、8.0mm、10.0mm 等多种。

钨极端部可磨成不同的形状，见图 5-21。

球形　　　圆台形　　　圆锥形

图 5-21　钨极端部的形状

练一练

活动 1　小直径管水平固定氩弧焊

完成图 5-22 所示的小直径管水平固定氩弧焊训练。

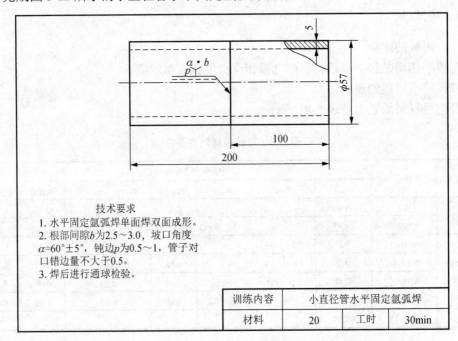

技术要求
1. 水平固定氩弧焊单面焊双面成形。
2. 根部间隙 b 为2.5～3.0，坡口角度 $\alpha=60°±5°$，钝边 p 为0.5～1，管子对口错边量不大于0.5。
3. 焊后进行通球检验。

训练内容	小直径管水平固定氩弧焊		
材料	20	工时	30min

图 5-22　小直径管水平固定氩弧焊训练工件

一、实训要点

1. 焊前清理及装配定位焊

（1）焊前清理
采用钢丝刷或砂布将焊接处和焊丝表面清理干净，直至露出金属光泽。

（2）装配定位焊
小直径管水平固定氩弧焊焊件装配各项尺寸见表 5-9。

表 5-9　小直径管水平固定氩弧焊焊件装配各项尺寸

坡口角度	间隙/mm	钝边/mm	错边量/mm	定位焊缝长度/mm
60	1.5～2.0	0.5～1.0	≤0.5	10

2. 焊接参数

小直径管水平固定氩弧焊焊接参数见表 5-10。

表 5-10 小直径管水平固定氩弧焊焊接参数

焊接层次	焊炬摆动运条方法	钨极直径/mm	喷嘴直径/mm	钨极伸出长度/mm	氩气流量/（L/min）	焊丝直径/mm	焊接电流/A	电弧电压/V
打底层	小月牙形	2.5	8～12	5～6	8～12	2.5	90～100	12～16
表面层	月牙形或锯齿形	2.5	8～12	5～6	8～12	2.5	95～110	15～17

3. 焊接操作过程

将焊件水平固定在距地面 800～900mm 高度的焊接工位架上。

采用两层两道焊，采用内填丝法和外填丝法，分前、后半部进行打底层焊接。在时钟 6 点起焊，12 点收尾。操作过程见图 5-23 和图 5-24。

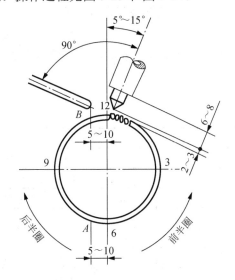

图 5-23 引弧和收弧操作

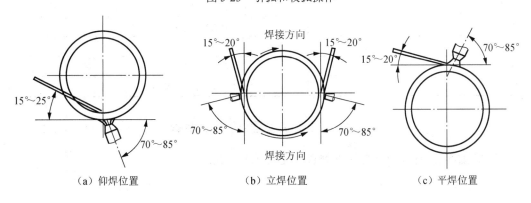

（a）仰焊位置   （b）立焊位置   （c）平焊位置

图 5-24 焊炬、焊丝随焊接位置变化的关系

（1）打底层焊接

在时钟 6 点向左 10mm 处引弧，按逆时针方向焊接。焊接打底层焊道时要严格控制钨极、喷嘴与焊缝的位置，即钨极应垂直于管子的轴线，喷嘴至两管的距离要相等。引燃电弧后，焊炬暂留在引弧处不动，当获得一定大小的明亮清晰的熔池后，才可向熔池送丝。焊丝与通过熔池的切线成 15° 送入熔池前方，焊丝沿坡口的上方送到熔池后，要轻轻地将焊丝向熔池里推一下，并向管内摆动，从而提高焊缝背面高度，避免凹坑和未焊透，在填丝的同时，焊炬逆时针匀速移动。

焊接过程中焊丝和焊炬的移动速度要均匀，才能保证焊缝美观。

当焊至时钟 0 点位置时，应暂时停止焊接。收弧时，首先应将焊丝抽离电弧区，但不要脱离保护区，然后切断控制开关，这时焊接电流逐渐衰减，熔池也相应减小。当电弧熄灭后，延时切断氩气时，焊炬才能移开。

焊完管子一半后，按相同的方法焊接完成另一半。

（2）表面层焊接

采用月牙形摆动法进行表面层焊接，表面层焊接焊炬角度与打底层焊接时相同，填丝均为外填丝法。

二、实训评价

项目	分值	扣分标准
焊缝宽度 c/nm	10	$c=6\pm1$，超差不得分
焊缝宽度差 c'/mm	10	$c'\leq2$，超差不得分
焊缝余高 h/mm	10	$h=2\pm1$，超差不得分
焊缝余高差 h'/mm	8	$h'\leq2$，超差不得分
错边量/mm	8	≤0.5，超差不得分
咬边/mm	8	深度≤0.5，长度≤15，出现一处扣 4 分
夹钨	8	出现夹钨不得分
气孔	8	出现气孔不得分
弧坑	6	出现弧坑不得分
焊瘤	10	出现一处焊瘤扣 5 分
未焊透	8	出现未焊透不得分
未熔合	6	出现未熔合不得分

活动 2　小直径管垂直固定氩弧焊

完成图 5-25 所示的小直径管垂直固定氩弧焊训练。

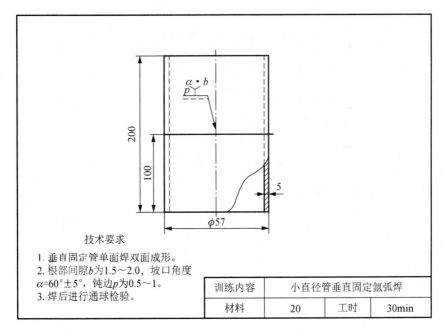

技术要求

1. 垂直固定管单面焊双面成形。
2. 根部间隙 b 为 1.5～2.0，坡口角度 $\alpha=60°±5°$，钝边 p 为 0.5～1。
3. 焊后进行通球检验。

训练内容	小直径管垂直固定氩弧焊		
材料	20	工时	30min

图 5-25　小直径管垂直固定氩弧焊训练工件

一、实训要点

1. 焊前清理及装配定位焊

（1）焊前清理

采用钢丝刷或砂布将焊接处和焊丝表面清理干净，直至露出金属光泽。

（2）装配定位焊

小直径管垂直固定氩弧焊焊件装配各项尺寸见表 5-11。

表 5-11　小直径管垂直固定氩弧焊焊件装配各项尺寸

坡口角度	间隙/mm	钝边/mm	错边量/mm	定位焊缝长度/mm
60°	1.5～2.0	0.5～1.0	≤0.5	10～15

2. 焊接参数

小直径管垂直固定氩弧焊焊接参数见表 5-12。

表 5-12　小直径管垂直固定氩弧焊焊接参数

焊接层次	钨极直径/mm	喷嘴直径/mm	钨极伸出长度/mm	氩气流量/（L/min）	焊丝直径/mm	焊接电流/A	电弧电压/V
打底层	2.5	8～12	4～8	7～10	2.5	90～95	12～16
表面层	2.5	8～12	4～8	7～10	2.5	90～100	12～16

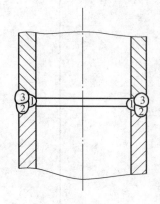

图 5-26 焊缝层次分布

1. 打底层；2、3. 表面层

3. 焊接操作过程

将组装好的试件垂直固定在焊接支架上。焊接操作采用两层三道焊，打底层焊接为一层一道，表面层焊接为上、下两道，见图 5-26。

（1）打底层焊接

打底层焊接从右向左开始施焊。打底层焊接的焊炬角度见图 5-27。焊接时在右侧间隙最小处引弧，先不加焊丝，待坡口根部熔化形成熔池熔孔后送进焊丝。当焊丝端部熔化形成熔滴后，将焊丝轻轻向熔池里推一下，并向管内摆动，使铁液送到坡口根部，以保证背面焊缝余高。填充焊丝的同时，焊炬做小幅度横向摆动并向左均匀移动。

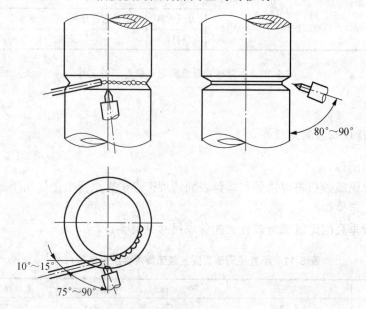

图 5-27 打底层焊接的焊炬角度

（2）表面层焊接

表面层焊缝由上、下两道组成，先焊下面的焊道，后焊上面的焊道，其焊矩角度见图 5-28。焊下面的表面层焊道时，电弧对准打底层焊道下沿，使熔池下沿超出管子坡口棱边 0.5～1.5mm，熔池上沿在打底层焊道 1/2～2/3 处。

焊上面的表面层焊道时，电弧对准打底层焊道上沿，使熔池上沿超出管子坡口 0.5～1.5mm，下沿与下面的焊道圆滑过渡，焊接速度要适当加快，送丝频率加快，适当减少送丝量，防止焊缝下坠。

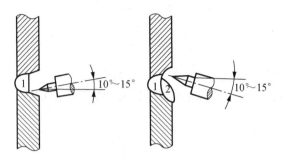

图 5-28　表面层焊接的焊炬角度

二、实训评价

项目	分值	扣分标准
焊缝宽度 c/nm	10	$c=6\pm1$，超差不得分
焊缝宽度差 c'/mm	10	$c'\leq2$，超差不得分
焊缝余高 h/mm	10	$h=2\pm1$，超差不得分
焊缝余高差 h'/mm	8	$h'\leq2$，超差不得分
错边量/mm	8	≤0.5，超差不得分
咬边/mm	8	深度≤0.5，长度≤15，出现一处扣4分
夹钨	8	出现夹钨不得分
气孔	8	出现气孔不得分
弧坑	6	出现弧坑不得分
焊瘤	10	出现一处焊瘤扣5分
未焊透	8	出现未焊透不得分
未熔合	6	出现未熔合不得分

想一想

1. 管对接手工钨极氩弧焊如何填丝？

2. 手工钨极氩弧焊焊丝如何分类？焊丝有哪些作用？

3. 手工钨极氩弧焊管对接如何操作？

单元三　小直径管对接水平固定加障碍管焊

学习目标

1）掌握障碍管的焊接位置。

2）掌握小直径管对接水平固定加障碍管手工钨极氩弧焊的操作。

学一学

　　障碍管的焊接位置有以下两种情况：①垂直固定加障碍管焊；②水平固定加障碍管焊。按照加障碍管的数量又可分为加两根障碍管和加四根障碍管。

练一练

　　完成图 5-29 所示的小直径管对接水平固定加障碍管焊训练。

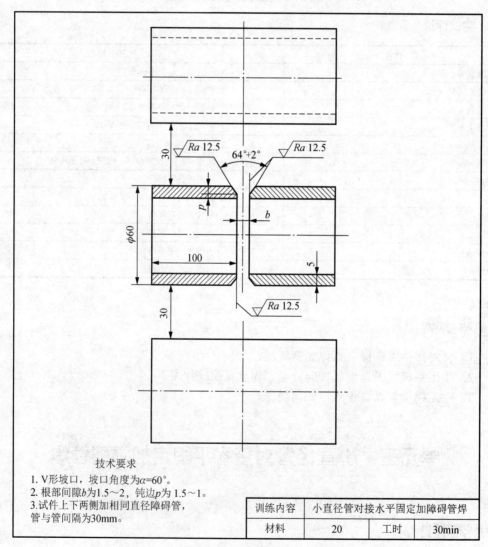

技术要求
1. V形坡口，坡口角度为 $\alpha=60°$。
2. 根部间隙 b 为 1.5～2，钝边 p 为 1.5～1。
3. 试件上下两侧加相同直径障碍管，
　管与管间隔为 30mm。

训练内容	小直径管对接水平固定加障碍管焊		
材料	20	工时	30min

图 5-29　小直径管对接水平固定加障碍管焊训练工件

一、实训要点

1. 焊前清理及装配定位焊

（1）焊前清理

采用钢丝刷或砂布将焊接处和焊丝表面清理干净，直至露出金属光泽。

（2）装配定位焊

小直径管对接水平固定加障碍管焊焊件装配各项尺寸见表5-13。

表5-13　小直径管对接水平固定加障碍管焊焊件装配各项尺寸

坡口角度	间隙/mm	钝边/mm	错边量/mm	定位焊缝长度/mm
60°	1.5～2.0	0.5～1.0	≤0.5	5～10

2. 焊接参数

小直径管对接水平固定加障碍管焊焊接参数见表5-14。

表5-14　小直径管对接水平固定加障碍管焊焊接参数

焊接层次	焊炬摆动运条方法	钨极直径/mm	喷嘴直径/mm	钨极伸出长度/mm	氩气流量/（L/min）	焊丝直径/mm	焊接电流/A	电弧电压/V
打底层	小月牙形	2.5	8～12	5～6	8～12	2.5	90～100	12～16
表面层	月牙形或锯齿形	2.5	8～12	5～6	8～12	2.5	95～110	15～17

3. 焊接操作过程

焊炬角度和填丝角度见图5-30。

（1）障碍设置及试件固定

将焊件水平固定在距地面800～900mm高度的带有上下两个障碍管的焊接工位架上。

（2）打底层焊接

采用两层两道焊，采用内填丝法和外填丝法，按照管剖面圆周方向分为前半部和后半部两部分进行打底层焊接。

（3）表面层焊接

采用月牙形摆动运条法进行表面层焊接，表面层焊接的焊炬角度与打底层焊接时相同，填丝均为外填丝法。

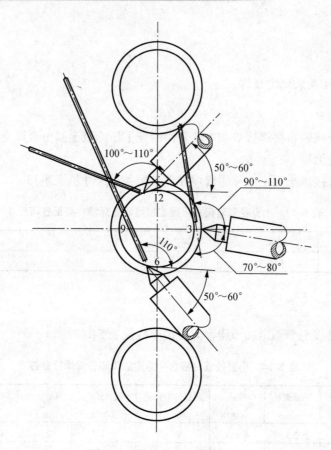

图 5-30　焊炬角度和填丝角度

二、实训评价

项目	分值	扣分标准
焊缝宽度 c/nm	10	$c=6\pm1$，超差不得分
焊缝宽度差 c'/mm	10	$c'\leqslant2$，超差不得分
焊缝余高 h/mm	10	$h=2\pm1$，超差不得分
焊缝余高差 h'/mm	8	$h'\leqslant2$，超差不得分
错边量/mm	8	$\leqslant0.5$，超差不得分
咬边/mm	8	深度$\leqslant0.5$，长度$\leqslant15$，出现一处扣4分
夹钨	8	出现夹钨不得分
气孔	8	出现气孔不得分
弧坑	6	出现弧坑不得分
焊瘤	10	出现一处焊瘤扣5分
未焊透	8	出现未焊透不得分
未熔合	6	出现未熔合不得分

? 想一想

1. 障碍管焊有哪些类型？
2. 如何进行手工钨极氩弧焊障碍管焊？

单元四 大直径管对接水平固定组合焊

学习目标

1）掌握大直径管对接水平固定手工钨极氩弧焊打底、焊条电弧焊表面的焊接工艺及操作要领。

2）掌握大直径管对接水平固定时，钨极氩弧焊、焊条电弧焊的焊接工艺参数的选择。

学一学

大直径管对接水平固定组合焊操作中通常会用到锉刀、敲渣锤、锤子、錾子、钢丝刷、角向砂轮，见图5-31。其中，锉刀主要用于修整焊件坡口及钝边；敲渣锤主要用于敲打焊缝上的熔渣；锤子主要用于去除难以敲掉的金属飞溅物；錾子主要用于除掉金属飞溅物；钢丝刷主要用于清理铁锈及熔渣；角向砂轮主要用于除锈和打磨坡口。

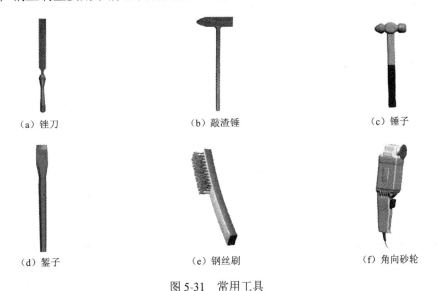

（a）锉刀　　　　　　　（b）敲渣锤　　　　　　　（c）锤子

（d）錾子　　　　　　　（e）钢丝刷　　　　　　　（f）角向砂轮

图 5-31　常用工具

练一练

完成图 5-32 所示的大直径管对接水平固定组合焊训练。

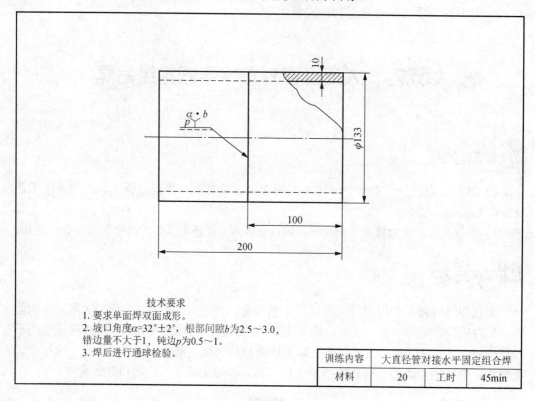

技术要求
1. 要求单面焊双面成形。
2. 坡口角度α=32°±2°，根部间隙b为2.5～3.0，
错边量不大于1，钝边p为0.5～1。
3. 焊后进行通球检验。

训练内容	大直径管对接水平固定组合焊		
材料	20	工时	45min

图 5-32　大直径管对接水平固定组合焊训练工件

一、实训要点

1. 焊前清理及装配定位焊

（1）焊前清理
采用钢丝刷或砂布将焊接处和焊丝表面清理干净，直至露出金属光泽。
（2）装配定位焊
大直径管对接水平固定组合焊焊件装配各项尺寸见表5-15，定位焊的位置见图5-33。

表 5-15　大直径管对接水平固定组合焊焊件装配各项尺寸

单位：mm

坡口角度	间隙	钝边	错边量	定位焊缝长度	定位焊缝间距
60°	始焊处 2.5 终焊处 3.2	0.5～1.0	≤1	5～8	1/4 管周长

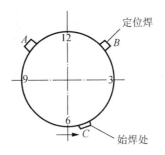

图 5-33　定位焊的位置

2. 焊接参数

大直径管对接水平固定组合焊焊接参数见表 5-16。

表 5-16　大直径管对接水平固定组合焊焊接参数

焊接方法	层次	焊丝、焊条直径/mm	焊接电流/A	电弧电压/V	氩气流量/（L/min）	钨极直径/mm	喷嘴直径/mm	喷嘴至工件距离/mm
钨极氩弧焊	打底层	2.5	85～105	10～12	8～10	3	8	≤10
焊条电弧焊	填充层表面层	3.2	90～115	22～26	—	—	—	—

3. 焊接操作过程

采用三层三道焊，其焊接方法与顺序为钨极氩弧焊打底层，焊条电弧焊填充层和表面层。

焊接分左、右两个半圈进行，在仰焊位置起焊，平焊位置收尾，每个半圈都存在仰、立、平 3 种不同的位置。焊炬、焊丝角度见图 5-34，添加焊丝的方法见图 5-35。

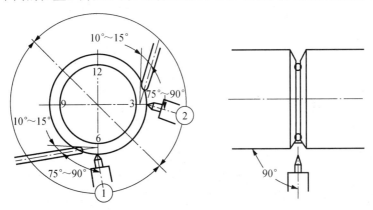

图 5-34　焊炬、焊丝角度

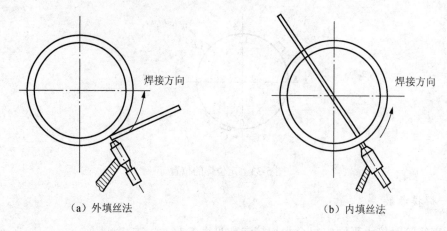

（a）外填丝法　　　　　　　　　　　（b）内填丝法

图 5-35　添加焊丝的方法

（1）打底层焊接

打底层焊接采用钨极氩弧焊，其焊接方法和普通钨极氩弧焊水平固定管焊相同。

（2）填充层焊接

填充层焊接时焊条的角度见图 5-36，其焊接方法和手工电弧焊水平固定管焊相同。

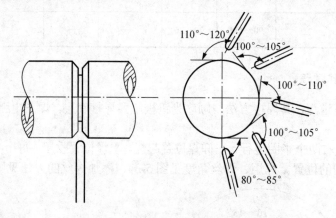

图 5-36　填充层焊接时焊条的角度

（3）表面层焊接

表面层焊接时应特别注意，当焊接位置偏下时，会使接头过高；当焊接位置偏上时，会造成焊缝脱节。

二、实训评价

项目	分值	扣分标准
焊缝每侧增宽/mm	10	0.5～2，超差不得分
焊缝宽度差 c'/mm	10	$c' \leqslant 2$，超差不得分

续表

项目	分值	扣分标准
焊缝余高 h/mm	10	0～3，超差不得分
焊缝余高差 h'/mm	6	$h' \leqslant 2$，超差不得分
错边量/mm	6	$\leqslant 0.5$，超差不得分
咬边	8	出现一处咬边扣 4 分
夹钨	6	出现夹钨不得分
气孔	6	出现一处气孔扣 3 分
弧坑	6	出现一处弧坑扣 3 分
焊瘤	10	出现一处焊瘤扣 5 分
未焊透	6	出现一处未焊透扣 3 分
未熔合	6	出现未熔合不得分
裂纹	10	出现裂纹不得分

想一想

如何进行大直径管对接水平固定组合焊？

模块六

气　焊

单元一　薄钢板对接平焊

学习目标

1) 了解气焊的原理、特点及应用。
2) 熟悉气焊所用的材料、设备、工具等。
3) 掌握气焊工艺及基本操作方法。
4) 掌握薄板气焊的操作方法。

学一学

一、气焊的原理、特点及应用

1. 原理

气焊是利用氧气与助燃气体，通过焊炬混合后喷出，经点燃使它们发生剧烈的氧化燃烧，从而熔化金属进行焊接。

2. 特点

气焊的特点是设备简单、搬运方便、通用性强、适用于流动施工。

3. 应用

气焊适用于焊接较薄小工件、低熔点材料、有色金属及其合金、铸铁焊补、零部件磨损后的补焊、需要预热和缓冷的工具钢等。

二、气焊所用的材料

1. 氧气

（1）氧气的性质

氧气在常温、常压下是气态，不能燃烧，但具有强烈的助燃作用。

（2）对氧气纯度的要求

气焊对氧气纯度的要求是越纯越好，气焊氧气纯度一般可分为两级，一级纯度不低于 99.2%，二级纯度不低于 98.5%。

2. 乙炔

乙炔是可燃性气体，乙炔的自燃点是 335℃，它与空气混合燃烧时所产生的火焰温度是 2350℃，与氧气混合燃烧时所产生的火焰温度是 3000~3300℃，而且热量比较集中，因此足以迅速熔化金属进行焊接或切割。

3. 液化石油气

液化石油气广泛应用于钢材的气割和低熔点有色金属的焊接。

4. 气焊焊丝

（1）对焊丝的基本要求

1）焊丝的化学成分应基本与焊件母材的化学成分相同，并保证焊缝有足够的力学性能和其他方面的性能。

2）焊丝的熔点应低于或略低于被焊金属的熔点。

3）焊丝应能保证焊接质量，如不产生气孔、夹渣等缺陷。

4）焊丝表面应无油脂、锈蚀和油漆等污物；焊丝熔化时飞溅不宜过大。

（2）焊丝的规格

气焊焊丝的规格一般为直径 1.6mm、直径 2.0mm、直径 2.5mm、直径 3.0mm、直径 3.2mm、直径 4.0mm 等。

（3）焊丝的分类

常用的气焊焊丝有碳钢焊丝、低合金钢焊丝、铜及铜合金焊丝、铝及铝合金焊丝、铸铁焊丝等。

5. 气焊熔剂

（1）气焊熔剂的作用

在高温作用下，气焊熔剂熔化后与熔池内的金属氧化物或非金属杂质物作用生成熔渣，覆盖在熔池表面，使熔池隔绝空气，从而防止了熔池金属的继续氧化，改善了焊缝的质量。

（2）对气焊熔剂的要求

1）气焊熔剂应具有很强的反应能力，即能迅速溶解某些氧化物或与某些高熔点化合物作用生成新的低熔点和易挥发的化合物。

2）气焊熔剂熔化后黏度要小、流动性要好，产生的熔渣熔点要低、密度要小，且易浮于熔池表面。

3）气焊熔剂能减小熔化金属的表面张力，使熔化的填充金属与焊件更容易熔合。

4）气焊熔剂不应对焊件有腐蚀等副作用，生成的熔渣要易于清除。

（3）气焊熔剂的分类

1）化学反应熔剂：酸性熔剂、碱性熔剂。

2）物理溶解熔剂：氯化钠、氯化锂、氟化钠等。

（4）常用气焊熔剂的牌号及表示方法

"CJ"表示气焊熔剂；后面第一位数字表示用途："1"表示不锈钢或耐热钢用，"2"表示铸铁用，"3"表示铜及铜合金用，"4"表示铝及铝合金用；最后两位数字表示同一类型的不同编号。

（5）气焊熔剂的选用和保存

1）气焊熔剂的选用：根据母材在焊接过程中产生的氧化物的种类来选取。

2）气焊熔剂的保存：密封保存。

三、气焊工艺

1. 气焊焊接接头的种类和坡口形式

气焊焊接接头的种类见图 6-1，有对接接头、角接接头、搭接接头、卷边接头和 T 形接头等。

气焊焊接接头的坡口形式有 I 形坡口、X 形坡口和 V 形坡口等。当板厚大于或小于 5mm 时，必须开坡口。

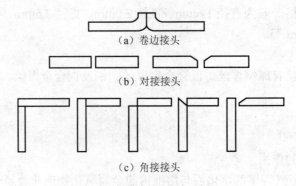

（a）卷边接头

（b）对接接头

（c）角接接头

图 6-1 气焊焊接接头的种类

2. 气焊焊接参数

（1）焊丝的分类

应根据焊丝材料的力学性能或化学成分，选择相应性能或成分的焊丝。常用的气焊焊丝有碳素结构钢焊丝、合金结构钢焊丝、不锈钢焊丝、铜及铜合金焊丝、铝及铝合金焊丝、铸铁焊丝等。

（2）焊丝的直径

焊丝的直径是根据焊件厚度选择的。焊接厚度 5mm 以下的板材时，一般选用直径为 1～3mm 的焊丝。若焊丝过细，焊接时焊件尚未熔化，而焊丝已熔化下滴，则会造成未熔合等缺陷；相反，如果焊丝过粗，焊丝加热时间增加，焊件热影响区变宽，会产生未焊透等缺陷。

开坡口焊件的第一、二层焊缝焊接时，应选用较细的焊丝，其他各层焊缝可选用粗焊丝。焊丝直径还与操作方法有关，一般右向焊法所选用的焊丝要比左向焊法所选用的焊丝粗些。

工件厚度与焊丝直径之间的关系见表 6-1。

表 6-1　工件厚度与焊丝直径之间的关系

单位：mm

工件厚度	1.0～2.0	2.0～3.0	3.0～5.0	5.0～10.0	10.0～15.0
焊丝直径	1.0 或不用焊丝	2.0～3.0	3.0～4.0	3.0～5.0	4.0～6.0

（3）火焰的性质及能率

1）火焰的性质。根据混合比不同，火焰分为碳化焰、中性焰和氧化焰，见图 6-2。

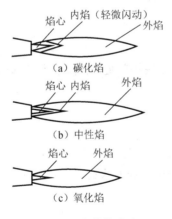

图 6-2　火焰的分类

2）火焰能率。火焰能率是指单位时间内消耗的可燃气体的量，根据工件熔点、厚度等进行选择。

（4）气焊熔剂

一般碳素钢不需要熔剂。其他材料根据选用原则选用合适的气焊熔剂。

（5）焊炬的倾角

焊炬的倾角是指焊嘴和工件平面间的夹角。碳素钢焊接时焊炬倾角与焊件厚度的关系见图6-3。

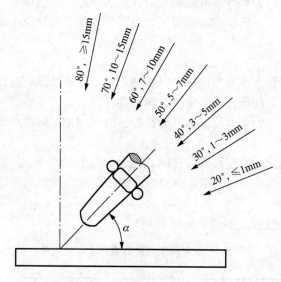

图 6-3　碳素钢焊接时焊炬倾角与焊件厚度的关系

（6）焊接速度

焊接速度的选择原则是厚度大、熔点高、速度慢。

四、气焊的操作方法

1. 焊炬的握法

右手持焊炬，将拇指位于乙炔阀门处，食指位于氧阀门处，以便随时调节气体流量，其他三指握住焊炬柄。

2. 火焰的点燃

点火前应认真检查焊炬的射吸能力，检查完毕后，先打开氧阀门，再打开乙炔阀门，开始点火。点火时，割炬不要对着别人或自己，防止烧伤。

3. 火焰的调节

按需要的火焰性质调节氧气和乙炔的流量，使其达到要求的火焰。

4. 火焰的熄灭

关火的时候先把乙炔关死之后再关氧气，因为乙炔是很难熄灭的。

5. 焊接方法

焊接方法有左焊法和右焊法两种，采用左焊法时焊炬与焊丝端头的位置见图6-4。

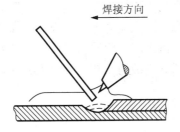

图6-4 采用左焊法时焊炬与焊丝端头的位置

6. 焊丝与焊炬的摆动

常见的几种焊丝与焊炬的摆动方法见图6-5，其中图（a）、（b）、（c）所示方法适用于各种材料的较厚大工件的焊接及堆焊，图（d）所示方法适用于各种薄件的焊接。

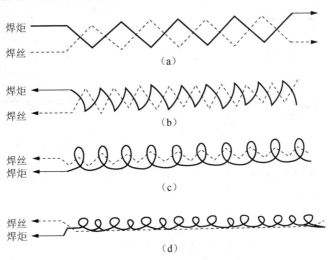

图6-5 焊丝与焊炬的摆动方法

五、气焊设备

1. 气体储存设备

（1）氧气瓶

氧气瓶是一种钢质圆柱形的高压容器，一般用无缝钢管制成（图6-6）。其壁厚5～8mm，瓶顶有瓶阀和瓶帽，瓶体上、下各装一个减振皮圈。瓶体表面涂天蓝色漆，用黑漆写有"氧"字。常用的氧气瓶容积为40L，瓶体外径为219mm，高度为1370±20mm，质量为 55kg。瓶内达 15MPa 时有 6000L 的氧气。

（2）可燃气体气瓶

1）乙炔瓶见图 6-7。乙炔瓶外形与氧气瓶相似，但其结构较为复杂。乙炔瓶体外表面应涂成白色，并标注红色的"乙炔"和"火不可近"字样。在乙炔瓶内装有浸满丙酮的多孔性填料，能使乙炔稳定而又安全地储存在乙炔瓶内。当使用时，溶解在丙酮内的乙炔就分解出来。通过瓶阀流出，而丙酮留在瓶内，以便溶解再次压入的乙炔。乙炔瓶阀下面的填料中心部分的长孔内放有石棉，以帮助乙炔从多孔填料中分解出来。

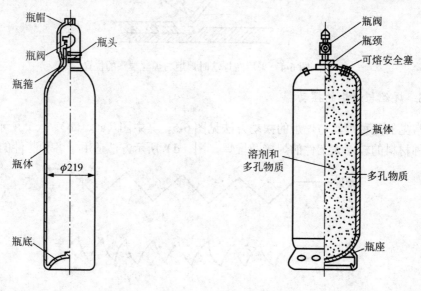

图 6-6　氧气瓶的构造　　　　　　图 6-7　乙炔瓶的构造

2）液化石油气瓶见图 6-8。气瓶外表面涂银灰色漆，并用红漆写有"液化石油气"字样。

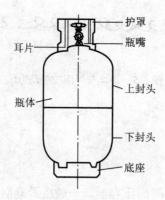

图 6-8　液化石油气瓶的构造

2. 气焊工具

（1）焊炬

根据所用乙炔压力的不同，可分为射吸式焊炬和等压式焊炬，常用的为射吸式焊炬。射吸式焊炬的结构见图6-9，它由主体、气体调节阀、喷嘴、射吸管、混合气管、焊嘴、手柄、气管接头等组成。

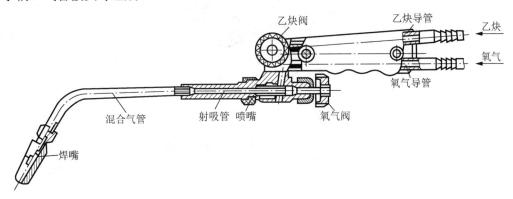

图 6-9　射吸式焊炬的结构

（2）减压器

1）氧气减压器，QD-1 型氧气减压器的结构见图 6-10。

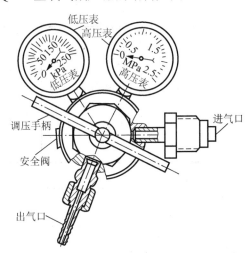

图 6-10　QD-1 型氧气减压器的结构

2）乙炔减压器，QD-20 型乙炔减压器的结构见图 6-11。

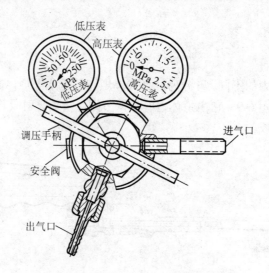

图 6-11　QD-20 型乙炔减压器的结构

练一练

完成图 6-12 所示的薄钢板对接平焊训练。

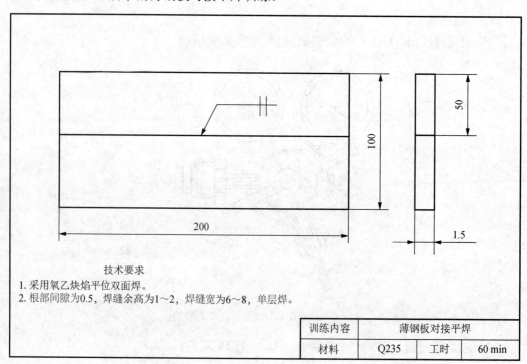

技术要求

1. 采用氧乙炔焰平位双面焊。
2. 根部间隙为0.5，焊缝余高为1~2，焊缝宽为6~8，单层焊。

训练内容	薄钢板对接平焊		
材料	Q235	工时	60 min

图 6-12　薄钢板对接平焊训练工件

一、实训要点

（1）焊前清理

采用机械清理或化学清洗方法对焊件坡口两侧 20mm 范围内进行严格清理，直至露出金属光泽。

（2）装配定位焊

定位焊缝的长度和间距根据焊件的厚度和焊缝长度确定。焊件越薄，定位焊缝的长度和间距应越小，反之越大。定位焊的顺序应从焊件两端开始向中间进行，见图 6-13。定位焊点不宜过长，更不易过宽或过高，以保证焊件焊透为宜。定位焊横截面的形状要求见图 6-14。为了保证焊接完后的工件达到 180°，装配时向下折成 160° 左右，见图 6-15。

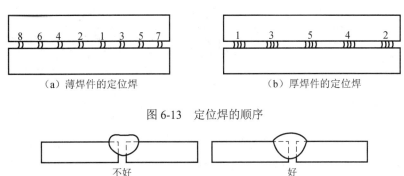

| （a）薄焊件的定位焊 | （b）厚焊件的定位焊 |

图 6-13 定位焊的顺序

不好　　　　　　好

图 6-14 定位焊横截面的形状要求

160°

图 6-15 装配折角

（3）焊接

气焊平焊示意图见图 6-16，焊丝与焊炬的位置见图 6-17。

采用左焊法，焊接速度随焊件熔化的情况而变化。采用中性焰，火焰要对准焊缝的中心线，均匀地熔化焊件两边，背面焊透也要均匀些。焊丝位于焰心前下方 2～4mm 处，若被熔池边缘粘住时，不要用力去拔焊丝，应用火焰加热焊丝与焊件接触处，焊丝可自然脱离。

在焊接过程中，焊炬和焊丝要做上下跳动，其目的是调节熔池温度，使焊件熔化良好，并控制液体金属的流动，使焊缝成形美观。

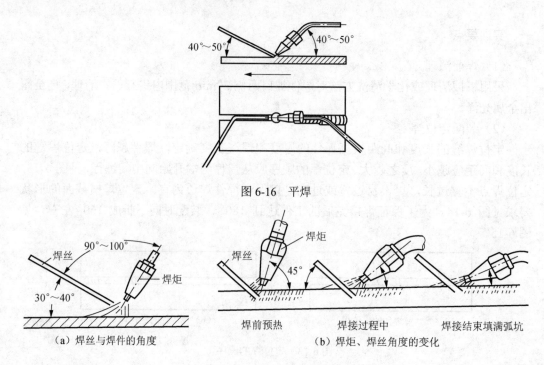

图 6-16 平焊

（a）焊丝与焊件的角度　　　　　　（b）焊炬、焊丝角度的变化

图 6-17 焊丝与焊炬的位置

在气焊过程中，如果火焰性质发生了变化，发现熔池浑浊、有气泡、火花飞溅或熔池沸腾等现象，要及时将火焰调节为中性焰，然后进行焊接。焊炬的倾角、高度和焊接速度应根据熔池的大小而调整。焊接时应始终保持熔池为椭圆形且大小一致，才能获得满意的焊缝。

在焊接结束时，将焊炬火焰缓慢提起，使熔池逐渐缩小。收尾时要填满弧坑，防止产生气孔、裂纹、凹坑等缺陷。

二、实训评价

项目	分值	扣分标准
操作姿势是否正确	10	酌情扣分
点火方法是否正确	10	酌情扣分
焊接过程操作是否正确	10	酌情扣分
焊道起头是否圆滑	10	起头不圆滑不得分
焊道接头是否平整	20	接头不平整不得分
收尾是否正确	10	出现弧坑不得分
焊缝是否平直	10	焊缝不平直不得分
焊缝宽度是否一致	20	焊缝宽度不一致不得分

? 想一想

1. 气焊的原理、特点及应用是什么？
2. 气焊设备由哪些部分组成？

单元二 管对接水平固定焊

学习目标

1）掌握气焊溶剂的作用和对气焊溶剂的要求。
2）掌握管对接水平固定焊的操作方法。

学一学

在气焊过程中，被加热后的熔化金属极易与周围空气中的氧或火焰中的氧生成氧化物，使焊缝产生气孔和夹渣等缺陷。所以在焊接有色金属（如铜及铜合金、铝及铝合金）、铸铁、不锈钢等材料时，通常要采用气焊溶剂，以消除熔池中的氧化物，改善被焊接金属的润湿性。气焊碳素钢一般不需要熔剂。

气焊熔剂可以在焊前直接撒在焊件坡口上或粘在气焊丝上加入熔池。

1. 气焊熔剂的作用

在高温作用下，气焊溶剂熔化后与熔池内的金属氧化物或非金属夹杂物作用生成熔渣，覆盖在熔池表面，使熔池与空气隔离，从而防止熔池金属的继续氧化，改善了焊缝的质量。

2. 对气焊熔剂的要求

1）气焊熔剂应具有很强的反应能力，既能迅速溶解某些氧化物或与某些高熔点化合物作用生成新的低熔点和易挥发的化合物。

2）气焊熔剂熔化后黏度要小、流动性要好，产生的熔渣熔点要低、密度要小，易浮于熔池表面。

3）气焊熔剂能减小熔化金属的表面张力，使熔化的填充金属与焊件更容易熔合。

4）气焊熔剂不应对焊件有腐蚀等副作用，生成的熔渣要容易清除。

3. 常用的气焊熔剂

气焊熔剂的选择要根据焊件的材质及其性能而定，常用的气焊熔剂及其基本性能和用途见表6-2。

表6-2　常用的气焊熔剂及其基本性能和用途

牌号	代号	名称	基本性能	用途
气剂101	CJ101	不锈钢及耐热钢气焊熔剂	熔点为900℃，有良好的浸润作用，能防止熔化金属氧化，焊后熔渣易清除	不锈钢及耐热钢气焊
气剂201	CJ201	铸铁气焊熔剂	熔点为650℃，呈碱性反应，具有潮解性，能有效去除铸铁在气焊时所产生的硅酸盐和氧化物，有加速熔化的功能	铸铁件气焊
气剂301	CJ301	铜气焊熔剂	易潮解，熔点为650℃，呈酸性反应，能有效溶解氧化铜和氧化亚铜	铜及铜合金气焊
气剂401	CJ401	铝气焊熔剂	熔点为560℃，呈酸性反应，能有效破坏氧化铝膜，因极易吸潮，在空气中能引起铝的腐蚀，焊后必须将熔渣清除干净	铝及铝合金气焊

练一练

完成图6-18所示的管对接水平固定焊训练。

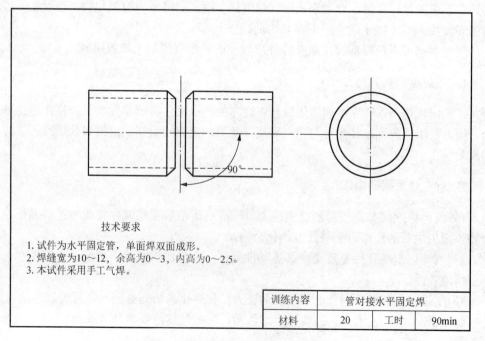

技术要求
1. 试件为水平固定管，单面焊双面成形。
2. 焊缝宽为10～12，余高为0～3，内高为0～2.5。
3. 本试件采用手工气焊。

训练内容	管对接水平固定焊		
材料	20	工时	90min

图6-18　管对接水平固定焊训练工件

一、实训要点

1. 焊前清理及装配定位焊

（1）焊前清理

焊接前，应用纱布、锉刀及钢丝刷将焊件表面的氧化皮、铁锈、油污及脏污等彻底清理，直至露出金属光泽。

（2）装配定位焊

将两管的接缝处加工成带钝边的 V 形坡口，钝边尺寸为 0.5mm，装配时预留根部间隙为 1.5~2mm，错边量≤0.5mm。对直径不超过 70mm 的管子，一般只需定位焊两处；对直径为 70~300mm 的管子可定位焊 4~6 处，对直径超过 300mm 的管子可定位焊 6~8 处。

2. 焊接操作过程

考虑环形焊缝的焊接特点，水平固定管的气焊比较困难，操作上包括了所有的焊接位置，见图 6-19。每层焊道均分两次完成，从图中的 1 开始，沿焊缝或坡口焊到 5 点位置结束。

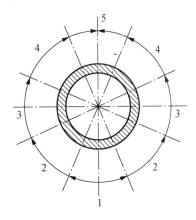

图 6-19　焊接位置示意图

1. 仰位；2. 仰爬坡；3. 立焊；4. 上坡焊；5. 平焊

在气焊中，应当灵活地改变焊丝、焊炬和管子之间的夹角，才能保证不同位置的熔池形状，达到既能焊透，又不产生过热和烧穿现象的目的。

起点和终点处应相互重叠 10~15mm，以避免起点和终点处产生焊接缺陷。

二、实训评价

项目	分值	扣分标准
焊缝余高 h/mm	10	$0 \leq h \leq 3$，超差不得分
焊缝宽度 c/mm	10	c=坡口宽度+3，超差不得分

续表

项目	分值	扣分标准
未焊透	10	深度≤0.15t（t 为壁厚），超差不得分
管子的错边量/mm	10	≤0.5，超差不得分
未熔合	10	出现不得分
气孔	10	出现一处扣 5 分
夹渣	10	出现不得分
焊溜	5	出现一处扣 5 分
背面凹坑/mm	5	≤1，超差一处扣 5 分
通球试验	5	通球直径为管内径的 85%，球通不过不得分
焊缝表面成形	15	波纹均匀，成形美观，根据成形情况酌情扣分

 想一想

如何进行水平固定管气焊？

模块七
其他焊接和切割技术

单元一　中厚板平位对接埋弧焊

学习目标

1）了解埋弧自动焊的原理。

2）熟悉埋弧焊焊接材料及工艺。

3）掌握中厚板平位对接埋弧焊的操作方法。

学一学

一、埋弧焊概述

埋弧焊是以连续送进的焊丝作为电极和填充金属。焊接时，在焊接区域的上面覆盖一层颗粒状焊剂，电弧在焊剂层下面燃烧，将焊丝端部和局部母材熔化形成焊缝。埋弧焊设备见图 7-1。

1. 电弧焊自动化过程的基本概念

电弧焊过程一般包括引燃电弧、正常焊接、熄弧收尾。

手工焊依靠焊工手工控制实现焊接过程稳定，自动焊以相应的自动调节装置代替人工控制。自动电弧焊分为埋弧（焊剂层下）自动焊和明弧（气体保护）自动焊两种。

2. 埋弧自动焊的实质与特点

埋弧自动焊的实质是一种电弧在颗粒状焊剂下燃烧的熔焊方法。埋弧自动焊示意图见图 7-2。

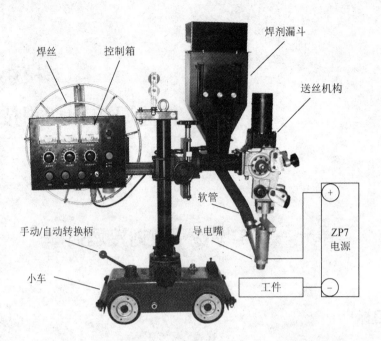

图 7-1　埋弧焊设备

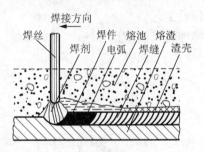

图 7-2　埋弧自动焊

埋弧自动焊与手工电弧焊相比具有以下特点。

1）埋弧焊的主要优点。

① 所用的焊接电流大，比手工电弧焊要大 4～6 倍，具体比较见表 7-1。加上焊剂和熔渣的隔热作用，热效率较高，熔深大，工件的坡口可小一点，减少了填充金属量。单丝埋弧焊在工件不开坡口的情况下，一次可熔透 20mm。

表 7-1　埋弧焊的参数

焊条（焊丝） 直径/mm	手工电弧焊		埋弧焊	
	焊接电流/A	电流密度/（A/mm²）	焊接电流/A	电流密度/（A/mm²）
2	50～65	16～25	200～400	63～125
3	80～130	11～18	350～600	50～85

续表

焊条（焊丝）	手工电弧焊		埋弧焊	
直径/mm	焊接电流/A	电流密度/（A/mm^2）	焊接电流/A	电流密度/（A/mm^2）
4	125～200	10～16	500～800	40～63
5	190～250	10～18	700～1000	30～50

② 由于焊接电流大，所以焊接速度就可以快些，以厚度 8～10mm 的钢板对接焊为例，单丝埋弧焊速度可达 50～80cm/min，而手工电弧焊则不超过 10cm/min。

③ 焊剂的存在不仅能隔开熔化金属与空气的接触，还能使熔池的金属凝固变慢。液体金属与熔化的焊剂间有较多的时间进行冶金反应，使焊缝中气孔与裂纹等的缺陷减少，焊剂还可以向焊缝金属补充一些合金元素，提高焊缝金属的力学性能。

④ 在有风的环境中焊接时，埋弧焊的保护效果比其他电弧焊的保护效果好。

⑤ 在自动焊时，焊接行走速度、焊丝的送进速度及电流大小等焊接参数可通过自动调节保持稳定，减少了焊接质量对焊工技术水平的依赖程度。

⑥ 劳动条件较好，没有电弧光辐射。

2）埋弧焊的主要缺点。

① 由于采用颗粒状焊剂进行保护，故一般只适用于平焊和角焊位置。

② 不能直接观察电弧与坡口的相对位置，需要采用焊缝自动跟踪装置，否则容易焊偏。

③ 埋弧焊使用电流较大，电弧的电场强度较高，电流小于 100A 时电弧稳定性较差，因此不适于焊厚度小于 1mm 的薄板。

二、等速送丝式埋弧自动焊机

1. 等速送丝式埋弧自动焊机的特点

选定焊丝送给速度，在焊接过程中恒定不变。当电弧长度变化时，依靠电弧的自身调节作用，来相应地改变焊丝熔化速度，以保持电弧长度的不变。

2. MZ1-1000 型埋弧自动焊机的组成

MZl-1000 型埋弧自动焊机由焊接小车、控制箱和焊接电源 3 部分组成。

（1）焊接小车

交流电动机为送丝机构和行走机构共同使用，电动机两头出轴，一头经送丝机构减速器送给焊丝，另一头经行走机构减速器带动焊车。

（2）控制箱

控制箱内装有电源接触器、中间继电器、降压变压器、电流互感器等电气元件，在外壳上装有控制电源的转换开关、接线板及多芯插座等。

（3）焊接电源

常见的埋弧自动焊交流电源采用 BX2-1000 型同体式弧焊变压器。

三、变速送丝式埋弧自动焊机

1. 变速送丝式埋弧自动焊机的工作原理

通过改变焊丝送给速度来消除外界因素对弧长的干扰，焊接过程中电弧长度变化时，依靠电弧电压自动调节作用来相应改变焊丝的送给速度，以保持电弧长度的不变。

2. MZ-1000 型埋弧自动焊机

MZ-1000 型埋弧自动焊机由 3 部分组成：焊接小车、控制箱和焊接电源。

（1）焊接小车

焊接小车由台车上的直流电动机通过减速器及离合器来带动，焊接速度可在 15～70m/h 范围内调节。为适应不同形式的焊缝，在结构上焊接小车可在一定的方位上转动。

（2）控制箱

控制箱内装有电动机（发电机组）、接触器、中间继电器、降压变压器、整流器、电流互感器等电气元件。

（3）焊接电源

焊接电源一般选用 BX2-1000 型弧焊变压器，或选用具有陡降外特性的弧焊发电机和弧焊整流器。

四、埋弧焊的焊接材料

1. 焊丝

埋弧焊使用的焊丝有实心焊丝和药芯焊丝两类，生产中普遍使用的是实心焊丝，药芯焊丝只适用于某些特殊场合。目前主要有碳钢、低合金钢、高碳钢、特殊合金钢、不锈钢、镍及合金钢和堆焊用特殊合金焊丝。

焊丝牌号说明见图 7-3。字母 H 表示焊接用实心焊丝；ω_C 表示 C（碳）的质量分数，其他依次类推；当元素的含量小于 1%时，元素符号后面的 1 省略；有些结构钢焊丝牌号尾部标有字母 A 或 E，A 表示优质品，E 表示高级优质品，其硫、磷含量更低。

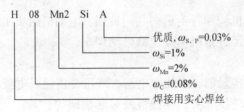

图 7-3　焊丝牌号说明

2. 焊剂

埋弧焊使用的焊剂是颗粒状可熔化的物质，其作用与焊条药皮相似。埋弧焊过程中，熔化焊剂产生的渣和气，一方面可以保护焊缝金属，防止空气污染；另一方面可以起到脱氧和掺合金的作用，与焊丝配合改善焊缝金属的化学成分和力学性能；再则还可以使焊缝金属缓慢冷却。

（1）对焊剂的基本要求

1）保证电弧稳定地燃烧。

2）保证焊缝金属得到所需的成分和性能。

3）减少焊缝金属产生气孔和裂纹的可能性。

4）熔渣在高温时有合适的黏度以利于焊缝成形，凝固后有良好的脱渣性。

5）不易吸潮并有一定的颗粒度及强度。

6）焊接时无有害气体析出。

（2）焊剂的选用

焊剂的选用见表 7-2。

表 7-2 焊剂的选用

焊剂型号	用途	焊剂颗粒度/mm	配用焊丝	适用电流种类
HJ130	低碳钢、普低钢	0.45～2.50	H10Mn2	交、直流
HJ131	镍基合金	0.30～2.0	镍基焊丝	交、直流
HJ150	轧辊堆焊	0.45～2.50	2Cr13、3Cr2W8	直流
HJ172	高铬铁素体钢	0.30～2.00	相应钢种焊丝	直流
HJ173	Mn-Al 高合金钢	0.25～2.50	相应钢种焊丝	直流
HJ230	低碳钢、普低钢	0.45～2.50	H08MnA、H10Mn2	交、直流
HJ250	低合金高强度钢	0.30～2.00	相应钢种焊丝	直流
HJ251	珠光体耐热钢	0.30～2.00	Cr-Mo 钢焊丝	直流
HJ260	不锈钢、轧辊堆焊	0.30～2.00	不锈钢焊丝	直流
HJ330	低碳钢及普低钢重要构件	0.45～2.50	H08MnA、H10Mn2	交、直流
HJ350	低合金高强度钢重要构件	0.45～2.50	Mn-Mo、Mn-Si 及含镍高强钢用焊丝	交、直流
HJ430	低碳钢及普低钢重要构件	0.20～1.40	H08A、H08MnA	交、直流
HJ431	低碳钢及普低钢重要构件	0.45～2.50	H08A、H08MnA	交、直流
HJ432	低碳钢及普低钢重要构件（薄板）	0.20～1.40	H08A	交、直流
HJ433	低碳钢	0.45～2.50	H08A	交、直流
SJ101	低合金结构钢	0.30～2.00	H08MnA、H08MnMoA、H08Mn2MoA	交、直流
SJ301	普通结构钢	0.30～2.00	H08MnA、H08MnMoA、H10Mn2、H10Mn2MoA	交、直流

五、埋弧自动焊工艺

1. 焊缝形状及尺寸

焊缝形状见图7-4。图中 c 表示焊缝宽度，s 表示焊缝余高，h 表示焊缝熔深。焊缝形状不仅关系到表面的成形，还会直接影响焊缝金属的质量。

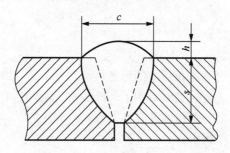

图 7-4　焊缝形状

2. 焊接参数对焊缝质量的影响

焊接参数包括焊接电流、电弧电压、焊接速度、焊丝直径和工艺因素等。

（1）焊接电流

焊接电流过大，熔深大，余高过大，易产生高温裂纹；焊接电流小，熔深浅，余高和宽度不足，见图7-5。

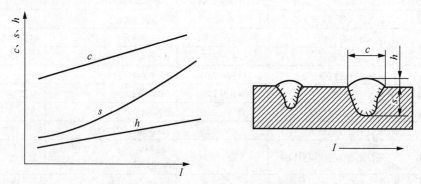

图 7-5　焊接电流对焊缝形状的影响

（2）电弧电压

电弧电压和电弧长度成正比。电弧电压过高，焊缝宽度增加，余高不够；电弧电压过低，熔深大，焊缝宽度窄，易产生热裂纹。埋弧焊时电弧电压是依据焊接电流调整的，即一定的焊接电流要保持一定的弧长才可能保证焊接电弧的稳定燃烧，所以电弧电压的变化范围是有限的，电弧电压对焊缝成形的影响见图7-6。

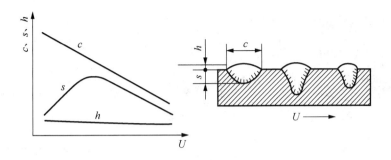

图 7-6 电弧电压对焊缝形状的影响

（3）焊接速度

通常焊接速度小，焊接熔池大，焊缝熔深和熔宽均较大；随着焊接速度的增加，焊缝熔深和熔宽都将减小。焊接速度过小，熔化金属量多，焊缝成形差；焊接速度过大，熔化金属量不足，容易产生咬边，见图 7-7。

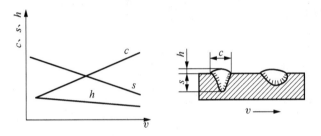

图 7-7 焊接速度对焊缝形状的影响

（4）焊丝直径

用同样大小的电流焊接时，小直径焊丝可获得较大的熔深。

（5）工艺因素

1）焊丝倾斜的影响，见图 7-8。

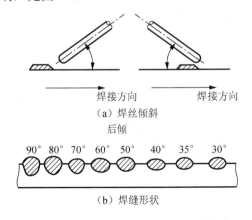

（a）焊丝倾斜
后倾

（b）焊缝形状

图 7-8 焊丝倾斜对焊缝形状的影响

2）焊件倾斜的影响，见图 7-9。

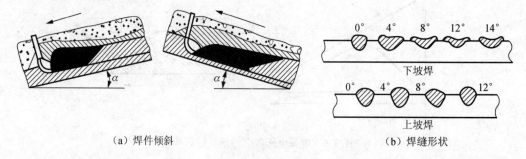

（a）焊件倾斜   （b）焊缝形状

图 7-9　焊件倾斜对焊缝形状的影响

练一练

已知试焊件尺寸为 400mm×240mm×12mm，材料为 Q235 或 20 钢，利用埋弧焊机进行双面焊接，见图 7-10。

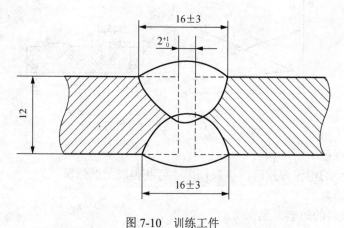

图 7-10　训练工件

一、实训要点

1．焊接装配

1）清理焊件，焊前除尽焊丝上的油、锈及其他污物，对焊件的待焊区进行严格的清理。

2）装配间隙，试件的装配间隙要求不大于 2mm，错边量不得大于 2mm。

3）定位焊，见图 7-11。在试件两端焊引弧板和引出板，坡口加工要求和试件相同。

2．焊接参数

具体的焊接参数见表 7-3。

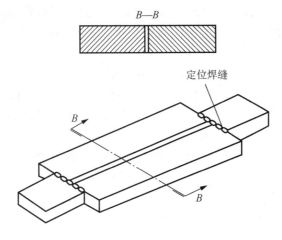

图 7-11 定位焊

表 7-3 具体的焊接参数

焊接层次	焊丝直径/mm	焊接电流/A	焊接电压/V	焊接速度/(m/h)
背面	4.0	500～550	35～37	30～22
正面	4.0	550～600	35～37	30～22

3. 焊接操作过程

（1）背面焊道操作

1）焊剂垫。简单的焊剂垫见图 7-12。焊背面焊道时，必须垫好焊剂垫，以防熔渣和熔池金属流失。焊剂垫内的焊剂牌号必须与工艺要求的焊剂相同，焊接时要保证整块试件正面被焊剂贴紧，在整个焊接过程中，要防止因试板受热变形与焊剂脱开，产生焊漏、烧穿等缺陷。

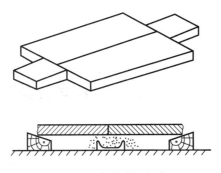

图 7-12 简单的焊剂垫

2）焊丝对准。调整好焊丝位置，使焊丝头对准试板间隙，但不与试板接触，往返拉动焊接小车几次，使焊丝能在整块试板上对准间隙。

3）准备引弧。将焊接小车拉到引弧板处，调整好小车行走方向开关位置，锁紧小车行走离合器，一切工作完成后，按"送丝"及"退丝"按钮，使焊丝端部与引弧板可靠接触。

4）引弧。按起动按钮，引燃电弧，焊接小车沿试板间隙走动，开始焊接。

5）收弧。当熔池全部到引出板上时，准备收弧。先将停止按钮按下一半，此时焊接小车停止前进，但电弧仍在燃烧，待熔化了的焊丝将熔池填满后，继续将停止按钮按到底，此时电弧熄灭，焊接过程结束。

6）清渣。待焊缝金属及熔渣完全凝固并冷却后，敲掉焊渣，并检查背面焊道外观的质量。

（2）正面焊道操作

经外观检验背面焊道合格后，将试件正面朝上放好，开始焊接正面焊道，焊接步骤和焊背面焊道完全相同。

二、实训评价

项目	分值	扣分标准
错边量	15	≤10%板厚，超差全扣
变形量	15	≤3°，超差全扣
直线度	15	≤3mm，每超差一处5分
余高	15	0～3mm，每超差一处扣5分
余高差	10	≤2mm，每超差一处扣5分
外观成形良好	30	根据情况酌情扣分

想一想

1. 埋弧焊的工作原理是什么？
2. 埋弧焊工艺参数对焊缝形状有哪些影响？

*单元二　认识电阻焊及其设备

1. 电阻焊的原理

将被焊工件压紧于两电极间并施加压力，利用电流流经工件接触面及邻近区域产生的电阻热将其加热到熔化或塑性状态，使之形成金属结合的一种焊接方法。

2. 电阻焊的特点

电阻焊与其他焊接方法相比具有以下特点。

1）电阻焊内部热源，且热量集中、加热时间短，在焊点形成过程中始终被塑形环包围，故其冶金过程简单，热影响区小，易于获得质量较好的焊接接头。

2）电阻焊焊接速度快，特别对点焊来说，1s 可焊接 4～5 个焊点，故生产率高。

3）除消耗电能外，电阻焊不需要消耗焊条、焊丝、焊剂等，可节省材料，故成本较低。

4）操作简便，易于实现机械化、自动化。

5）电阻焊所产生的烟尘、有害气体少，改善了劳动条件。

6）由于焊接在短时间内完成，需要用大电流及高电极压力，因此焊机容量要大，其价格一般较高。

7）电阻焊机大多工作位置固定，不如焊条电弧焊等灵活、方便。

8）目前尚缺乏简单而又可靠的无损检验方法。

3. 电阻焊的方法及设备

按焊件的接头形式、工艺方法和所用电源种类的不同，电阻焊可分为点焊、对焊、缝焊和凸焊。电阻焊机主要包括点焊机、对焊机、缝焊机和凸焊机。

1）点焊。电阻点焊示意图见图 7-13。

2）对焊。电阻对焊示意图见图 7-14。

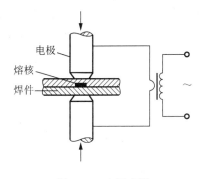

图 7-13　电阻点焊

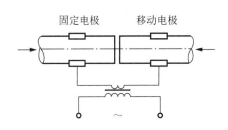

图 7-14　电阻对焊

3）缝焊。电阻缝焊示意图见图 7-15。

4）凸焊。电阻凸焊示意图见图 7-16。

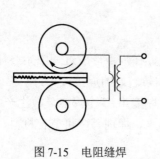

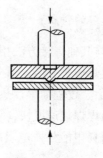

图 7-15 电阻缝焊   图 7-16 电阻凸焊

*单元三 认识激光切割

激光切割是利用经聚焦的高功率密度激光束照射工件，使被照射的材料迅速熔化、汽化、烧蚀或达到燃点，同时借助与光束同轴的高速气流吹除熔融物质，从而将工件割开。

一、激光切割的原理、分类、特点及应用

1. 激光切割的原理

激光切割是由激光器所发出的水平激光束经 45° 全反射镜变为垂直向下的激光束，后经透镜聚焦，在焦点处聚成一极小的光斑，在光斑处会焦的激光功率密度高达 $10^6 \sim 10^9 W/cm^2$。利用高功率密度激光束照射被切割材料，使材料很快被加热至汽化温度，并蒸发形成孔洞，随着光束对材料的移动，孔洞连续形成宽度很窄（如 0.1mm 左右）的切缝，完成对材料的切割。激光切割的原理见图 7-17。

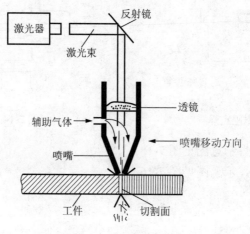

图 7-17 激光切割的原理

2. 激光切割的分类

激光切割可分为激光汽化切割、激光熔化切割、激光氧气切割和激光划片与控制断裂4类。

（1）激光汽化切割

激光汽化切割是指利用高能量密度的激光束加热工件，使温度迅速上升，在非常短的时间内达到材料的沸点，材料开始汽化，形成蒸汽。这些蒸汽的喷出速度很大，蒸汽喷出的同时，在材料上形成切口。材料的汽化热一般很大，所以激光汽化切割时需要很大的功率和功率密度。

激光汽化切割多用于极薄金属材料和非金属材料（如纸、布、木材、塑料和橡皮等）的切割。

（2）激光熔化切割

激光熔化切割时，用激光加热使金属材料熔化，然后通过与光束同轴的喷嘴喷吹非氧化性气体，依靠气体的强大压力使液态金属排出，形成切口。激光熔化切割不需要使金属完全汽化，所需能量只有汽化切割的1/10。

激光熔化切割主要用于一些不易氧化的材料或活性金属的切割，如不锈钢、钛、铝及其合金等。

（3）激光氧气切割

激光氧气切割的原理类似于氧炔切割。它是用激光作为预热热源，用氧气等活性气体作为切割气体。喷吹出的气体一方面与切割金属作用，发生氧化反应，放出大量的氧化热；另一方面把熔融的氧化物和熔化物从反应区吹出，在金属中形成切口。由于切割过程中的氧化反应产生了大量的热，所以激光氧气切割所需要的能量只是熔化切割的1/2，而切割速度远远大于激光汽化切割和熔化切割。激光氧气切割主要用于碳钢、钛钢及热处理钢等易氧化的金属材料。

（4）激光划片与控制断裂

激光划片是利用高能量密度的激光在脆性材料的表面进行扫描，使材料受热蒸发出一条小槽，然后施加一定的压力，脆性材料就会沿小槽处裂开。激光划片用的激光器一般为Q开关激光器和CO_2激光器。

控制断裂是利用激光刻槽时所产生的陡峭的温度分布，在脆性材料中产生局部热应力，使材料沿小槽断开。

3. 激光切割的特点

激光切割与其他热切割方法相比较，总的特点是切割速度快、质量高。具体概括为如下几个方面。

（1）切割质量好

由于激光光斑小、能量密度高、切割速度快，因此激光切割能够获得较好的切割质量。

1）激光切割切口细窄，切缝两边平行且与表面垂直，切割零件的尺寸精度可达±0.05mm。

2）切割表面光洁美观，表面粗糙度只有几十微米，甚至激光切割可以作为最后一道工序，无须机械加工，零部件可直接使用。

3）材料经过激光切割后，热影响区宽度很小，切缝附近材料的性能也几乎不受影响，并且工件变形小、切割精度高、切缝的几何形状好，切缝横截面形状呈现较为规则的长方形。

（2）切割效率高

由于激光的传输特性，激光切割机上一般配有多台数控工作台，整个切割过程可以全部实现数控。操作时，只需改变数控程序，即可适用于不同形状零件的切割，既可进行二维切割，又可实现三维切割。

（3）切割速度快

用功率为1200W的激光切割2mm厚的低碳钢板，切割速度可达600cm/min；切割5mm厚的聚丙烯树脂板，切割速度可达1200cm/min。材料在激光切割时不需要装夹固定，既可节省装夹工具，又可节省上、下料的辅助时间。

（4）非接触式切割

激光切割时割炬与工件无接触，不存在工具的磨损。加工不同形状的零件，不需要更换"刀具"，只需改变激光器的输出参数。激光切割过程噪声低、振动小、无污染。

（5）切割材料的种类多

与氧炔切割和等离子切割比较，激光切割材料的种类多，包括金属、非金属、金属基和非金属基复合材料、皮革、木材及纤维等。但是对于不同的材料，由于自身的热物理性能及对激光的吸收率不同，其表现出不同的激光切割适应性。

（6）缺点

激光切割由于受激光器功率和设备体积的限制，只能切割中、小厚度的板材和管材，而且随着工件厚度的增加，切割速度明显下降。激光切割设备费用高，一次性投资大。

4. 激光切割的应用

激光切割可应用于汽车制造领域，在汽车样车和小批量生产中大量使用三维激光束切割机。对于普通铝、不锈钢等薄板、带材的切割加工，应用激光加工的切割速度已达10m/min。

在航空航天领域，激光切割技术主要用于特种航空材料的切割，如钛合金、铝合金、镍合金、铬合金、不锈钢、氧化铍及复合材料的切割等。

二、激光切割设备

激光切割机大都采用 CO_2 激光切割设备，其主要由激光器、激光导光系统、数控运动系统、割炬等组成。

1．激光器

激光器分为固体激光器和气体激光器两种。

2．激光导光系统

激光导光系统由反射镜和聚焦镜组成。

3．数控运动系统

数控运动系统控制机床实现 x、y、z 轴的运动，同时也控制激光器的输出功率。

4．割炬

激光割炬的结构见图 7-18。

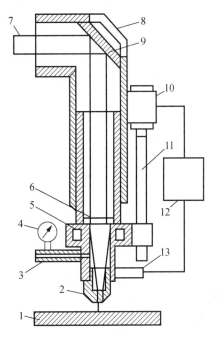

图 7-18　激光割炬的结构

1．工件；2．切割喷嘴；3．氧气进气管；4．氧气压力表；5．透镜冷却水套；6．聚焦透镜；7．激光束；
8．反射冷却水套；9．反射镜；10．伺服电动机；11．滚珠丝杆；12．放大控制及驱动电器；13．位置传感器

参 考 文 献

胡少荃, 1996. 电焊工生产实习（96 新版）[M]. 北京: 中国劳动出版社.

机械工业职业教育研究中心, 2004. 电焊工技能实战训练（提高版）[M]. 2 版. 北京: 机械工业出版社.

李继三, 1996. 电焊工[M]. 北京: 中国劳动出版社.

孟广斌, 2005. 冷作工工艺学[M]. 3 版. 北京: 中国劳动社会保障出版社.

钱在中, 2008. 焊工取证上岗培训教材[M]. 2 版. 北京: 机械工业出版社.

邱葭菲, 2005. 焊工工艺学[M]. 3 版. 北京: 中国劳动社会保障出版社.

王长忠, 2001. 焊工工艺与技能训练[M]. 北京: 中国劳动社会保障出版社.

王云鹏, 2009. 焊接结构生产[M]. 北京: 机械工业出版社.